Tengiz Urushadze
Yuri Vodyanitskii
Elina Bakradze

Metais Pesados nos Solos da Geórgia

Tengiz Urushadze
Yuri Vodyanitskii
Elina Bakradze

Metais Pesados nos Solos da Geórgia

ScienciaScripts

Imprint

Any brand names and product names mentioned in this book are subject to trademark, brand or patent protection and are trademarks or registered trademarks of their respective holders. The use of brand names, product names, common names, trade names, product descriptions etc. even without a particular marking in this work is in no way to be construed to mean that such names may be regarded as unrestricted in respect of trademark and brand protection legislation and could thus be used by anyone.

Cover image: www.ingimage.com

This book is a translation from the original published under ISBN 978-3-659-76212-3.

Publisher:
Sciencia Scripts
is a trademark of
Dodo Books Indian Ocean Ltd. and OmniScriptum S.R.L publishing group

120 High Road, East Finchley, London, N2 9ED, United Kingdom
Str. Armeneasca 28/1, office 1, Chisinau MD-2012, Republic of Moldova, Europe
Printed at: see last page
ISBN: 978-620-5-69387-2

ÍNDICE:

INTRODUÇÃO

A Geórgia é um país montanhoso no Cáucaso, vizinho da Rússia, Azerbaijão, Arménia e Turquia. A Geórgia é caracterizada por uma grande variedade de tipos de solo no seu pequeno território, que inclui quase todos os solos do mundo. Isto pode ser explicado pela enorme variedade de factores de formação de solo em curtas distâncias. Portanto, o Professor V.V. Dokuchaev, um dos fundadores da ciência moderna do solo no final do século XIX, chamou à Geórgia um "Museu de Solos ao Ar Livre". O espectro dos tipos de solo na Geórgia vai desde os solos pantanosos nas terras baixas dos subtropicais húmidos da Geórgia Ocidental até aos solos cinzento-cinamónicos e salgados nos subtropicais secos da Geórgia Oriental. As regiões do sopé, das florestas de montanha e dos prados de montanha apresentam tipos de solo muito diferentes. Uma grande variedade de rochas, um relevo específico com condições climáticas contrastantes e grandes diferenças na biodiversidade e outros factores de formação do solo determinam a enorme variedade de solos na Geórgia e a sua distribuição geográfica específica.

As características das paisagens e solos georgianos mostram a maior diversidade.

Muitos tipos de solo foram descobertos e descritos no território da Geórgia, como resultado de um padrão complexo de condições bioclimáticas, litológicas e geomorfológicas.

Alguns dos solos do mundo foram descritos pela primeira vez na Geórgia e mais tarde também foram descobertos noutros países, entre eles Cinnamonic (Cambisols Chromic) pelo Professor S. Zakharov em 1904, Meadow-Cinnamonic (Cambisols Chromic) pelo Professor V. Fridland em 1956, Yellow-Brown Forest (Acrisols Haplic) pelo Professor T. Urushadze em 1967.

A escala temporal da formação do solo é mais importante especialmente quando ocorrem mudanças nas condições de formação do solo. Portanto, o solo também pode ser considerado como um "espelho da paisagem", o que reflecte as condições de formação do solo. No entanto, os tipos de solo nem sempre indicam os parâmetros reais de formação do solo, porque foram formados sob condições bastante diferentes. Portanto, também indicam fases anteriores de desenvolvimento do solo, revelando assim fases anteriores de desenvolvimento. Como resultado, o solo não é apenas um "espelho da paisagem", o que reflecte as condições contemporâneas do ambiente, mas também uma "memória da paisagem" através da conservação de propriedades paleo-geográficas, relíquias (Targulyan, 2008). Contudo, as propriedades do solo formadas em condições anteriores não desaparecem completamente, mas são herdadas e preservadas durante um certo período de tempo.

Os solos da Geórgia formaram-se no período quaternário, alguns durante o Pleistoceno e outros no Holoceno. Alguns solos de zonalidade vertical nas zonas do sopé do monte são: Nitisóis Ferrálicos, Haplic Acrisols, Albic Luvisols (Subtrópicos húmidos), Vertisols, Cambisols Crómicos (Subtrópicos secos). Os solos dos cinturões médios das montanhas são: Cambisols Eutric, Chernozems e Leptosols High Mountains, que mostram que os tipos de solo e as suas propriedades por vezes não reflectem adequadamente as condições físico-geográficas reais. Isto refere-se especialmente aos solos, que ocorrem cerca de 1000-1200 m a.s.l. A sua idade é muito mais antiga do que a do Holoceno. Os solos acima dos 1200 m de altitude revelam claramente condições ecológicas (físico-geográficas) nas suas propriedades e são, portanto, um espelho das paisagens.

Sabe-se que durante a história da Terra ocorreram alterações contínuas da cobertura do solo através do enterramento de solos antigos e formação de novos, em parte em sedimentos jovens ou nos restos de solos antigos. Na avaliação da cobertura real do solo é necessário distinguir diferentes parâmetros: idade da cobertura do solo, tipos de solo, horizontes do solo e outros.

A complexidade da cobertura do solo e a influência antropogénica causa das condições ecológicas. Entre elas a erosão do solo, a contaminação dos radionuclídeos e, em especial, dos metais pesados.

Os autores analisam as datas sobre metais pesados e comparam-nas com as datas dos países europeus. Como resultado, foram recebidas informações sobre o racionamento dos metais pesados nos solos da Geórgia.

CAPÍTULO 1

SOLOS DE GEORGIA

1.1. FACTORES DE FORMAÇÃO DO SOLO

A Geórgia está localizada na parte ocidental e central do Trans-Caucasus entre 43° 350 e 41° 070 N, e longitudes 40° 040 e 46° 420E. O troço mais longo da Geórgia é de 613 km de Gantiadi a Shiraqi e a distância do Mar Negro a Lagodekhi é de 370 km. Na longitude de Tbilisi, a distância desde a fronteira norte até à fronteira sul da Geórgia é de 165 km. A área total da Geórgia é de 70.000 km2. O centro geográfico da Geórgia situa-se a oeste do desfiladeiro de Rikoti.

1.1.1. RELIEF

O relevo da Geórgia tem sido formado por processos endógenos (tectónicos, vulcânicos, litológicos) e exógenos (águas superficiais e subterrâneas, meteorologia, ventos, glaciares, etc.) durante um longo período geológico. A combinação de todos estes factores é responsável pelo carácter complexo e diversificado do seu relevo.

A estrutura orográfico-tectónica da Geórgia inclui quatro unidades diferentes em termos de hispsometria e morfologia - a Grande Cordilheira do Cáucaso, a zona dobrada Ajara-Trialeti, a depressão intermontante e a região vulcânica do sul da Geórgia. Nestas quatro unidades, a intensidade dos factores de formação do relevo variou no tempo e no espaço, resultando numa topografia complexa e diversificada.

O relevo do desfiladeiro de origem tectónico-erosiva prevalece a 1.000m acima do nível do mar ao longo da Cordilheira do Cáucaso. Vários factores tectónico-litológicos, erosivos e outros factores de formação de relevo com intensidade diferente são responsáveis pelas características deste relevo.

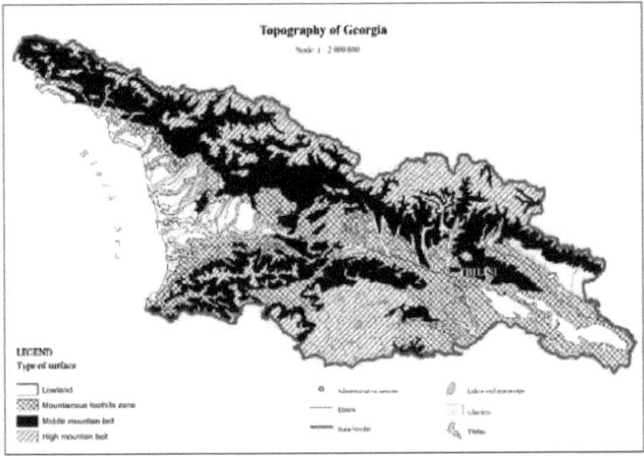

Fig. 1. Topografia da Geórgia

Acima de 1.000m acima do nível do mar, o relevo é formado por glaciação quaternária. Nas nascentes do Bzipi, Kodori, Enguri, Tskhenistskali, Rioni, DidiLiakhvi, Tergi e outros rios, são encontrados vales em forma de U ou calhas glaciares, circos e morenas.

As encostas da Cordilheira do Cáucaso (abaixo de 1.000-1.500m de altitude) são menos íngremes com um relevo montanhoso suave e erosivo, incluindo montanhas médias e baixas, colinas, bacias intermontanhosas, desfiladeiros fluviais, terraços erosivo-acumulativos e formas de Karst.

A depressão intermontante da Geórgia, juntamente com a cordilheira Surami, consiste em duas partes orográficas - as planícies de Kolkheti e Iveria.

A zona dobrada Ajara-Trialeti é muito mais baixa do que o Cáucaso. Em termos de características gerais, a região vulcânica do sul da Geórgia é significativamente diferente do norte do Cáucaso e da zona dobrada Ajara-Trialeti. A principal diferença é que na região vulcânica do sul da Geórgia, a 1.400-2.200m acima do nível do mar, existem principalmente planaltos rodeados por montanhas vulcânicas e maciços. As altitudes e a dissecção das superfícies dos altos planaltos e montanhas vulcânicas da região vulcânica do sul da Geórgia são muito menos expressas do que as das zonas dobradas Ajara-Trialeti e Cáucaso. A determinação da idade absoluta do material de origem do solo formado por rochas desgastadas é da maior importância para o estudo dos processos de formação do solo. Em alguns casos, a idade do relevo difere da idade do material de origem do solo. Isto é especialmente verdade para áreas montanhosas com superfícies dissecadas, onde, devido à intensidade dos processos erosivos-denudados, o material solto é movimentado periodicamente. O território da Geórgia é típico para isso. Por exemplo, a idade dos solos na planície de Kolkheti não pode ser superior a centenas de anos, pois a formação do substrato do solo nesta área é rápida e intensiva devido à acumulação de material solto transportado pelos rios de montanha para as planícies. A idade absoluta determinada através da datação por radiocarbono evidencia isto mesmo. Por exemplo, os sedimentos formados há 3.000-4.000 anos (na parte ocidental da planície de Kolkheti) afundaram-se 4-6 m abaixo da superfície da terra. As rochas da planície de Kvemo Kartli formaram-se há 8.000-10.000 anos e o solo foi continuamente formado sobre elas (como evidenciado pelos dados arqueológicos). O vale de Alazani é também formado através de depósitos relativamente novos. Os depósitos proluviais ainda são trazidos por riachos que correm das cristas do Gombori e do Cáucaso. Os depósitos no planalto de Iori são mais antigos e datam do Quaternário ou mesmo de períodos anteriores.

1.1.2. GEOLOGIA

A Geórgia é caracterizada por uma geologia complexa e uma grande variedade de rochas formadoras de solo, que diferem na origem, composição mineral, características físico-químicas e outras.

As rochas ígneas compreendem principalmente rochas intrusivas e extrusivas de composição química félica, intermédia e mafiosa.

Os exemplos típicos de rochas félsicas são os granito-ritolitos ($SiO2 > 62\%$).

As rochas intermédias ($SiO2 > 62$-52%) compreendem principalmente diorites-andesitos e rochas subalcalinas. Os diorito-andesitos caracterizam-se por $Na2O+K2O$ - 5-7%. Os dioritos intrusivos são menos comuns do que os granitos. São encontrados principalmente como dioritos de quartzo e gneisses de diorito. Os andinitas são muito mais comuns. Encontram-se na região do Grande Cáucaso (distrito de Kazbegi, planalto de Keli), no distrito de Borjomi-Bakuriani, no planalto de Javakheti e em Ajara. Em Ajara há uma crosta de andesite e andesite basáltica.

As rochas subalcalinas são representadas por sienitos intrusivos e traquitos extrusivos. Os pórfios são menos comuns. Os sienitos são bastante raros na Geórgia.

As rochas mafiosas são principalmente representadas por gabbro (intrusivas) e basaltos (extrusivas). Os gabbro's e as suas variedades intrusivas são menos comuns.

As rochas ígneas ultramáficas ($SiO2 < 42\%$) são muito raras.

As rochas sedimentares estão muito mais disseminadas do que as rochas ígneas. Por conseguinte, desempenham um papel muito mais importante na formação do solo. As rochas sedimentares incluem rochas clássicas, químicas e biogénicas. Em termos de litologia prevalecem na Geórgia os calcários, dolomitas, arenitos, arenitos, arenitos e vários conglomerados.

As rochas carbonatadas sedimentares (pedras calcárias, marlongas, dolomitas) ocorrem numa ampla faixa ao longo da encosta sul do Cáucaso do Norte.

Os arenitos e a areia encontram-se nos estratos dos períodos geológicos anteriores, bem como em depósitos quaternários. Como os arenitos e as areias que formam rochas são menos comuns do que as rochas carbonatadas, os arenitos e as areias são representados em estratos e estrias. A composição mineral destas rochas é diversa.

As rochas argilosas como solo formando rochas (caulinitas) estão amplamente espalhadas na parte noroeste da Eurásia. A este respeito, as argilas não desempenham um papel importante na Geórgia.

A Geórgia é rica em depósitos sedimentares mistos que não pertencem a uma origem litogénica específica. Estes depósitos litogeneticamente diferentes são semelhantes no que diz respeito ao seu mecanismo de transferência e acumulação e às circunstâncias geológico-históricas. Estes depósitos sedimentares podem ser subdivididos nas seguintes categorias principais: eluvial, deluvial, aluvial, proluvial, lacustre, glaciar e fluvio-glaciar.

Os depósitos aluviais são o tipo mais difundido na Geórgia. Formam terraços fluviais, depressões intermontanárias. Os depósitos aluviais consistem em vários conglomerados e saibreiras. Os depósitos glaciares consistem em lousas, arenitos, rochas vulcânicas, etc.

As rochas metamórficas (por exemplo, várias lousas, filitos, argilitos) estão disseminadas nas encostas sul do Cáucaso e desempenham um papel importante na formação do solo (por exemplo, Khevsureti, Tusheti, Svaneti).

Referindo-se à geologia, o território da Geórgia pode ser subdividido em três zonas principais: a Grande Cordilheira do Cáucaso, a depressão intermontana da Transcaucásia e as montanhas do sul da Geórgia.

A cordilheira do Grande Cáucaso, incluindo os contrafortes, é constituída por rochas metamórficas paleozénicas, incluindo ardósias (por exemplo, epidote-zoisite, clorite). As rochas do Jurássico Primitivo e Médio são argilitos, ardósias com interfaces de arenito e rochas metamórficas semelhantes às argilitos do Cretáceo Primitivo com calcário de grão pequeno. As rochas vulcânicas compreendem andesites, andesitedacites, basaltos, que são frequentemente cobertos por depósitos quaternários ou aluviais-deluvionares e glaciares recentes.

As depressões intermontanárias são caracterizadas pelos chamados sedimentos molásicos - uma formação, que em parte teve origem nos contrafortes. Esta formação proluvial mostra conglomerados, saibros, arenitos e areias. A planície de Kolkheti é coberta por depósitos aluviais, que se estendem até à depressão de Samegrelo e à planície de Zemo Imereti. A planície de Zemolmereti está rodeada pelo maciço de Dziruli. No leste estende-se até à depressão de Mtkvari.

A geologia das montanhas do sul da Geórgia é caracterizada por sedimentos Cretáceos tardios, Paleogénicos, Postplégicos e jovens. Os sedimentos Cretáceos contêm carbonatos, principalmente como calcários quimiogénicos. Os sedimentos paleogenéticos são originários de várias formações, incluindo argilitos, arenitos tufáceos de origem flácida. Na Ajara ocidental existem rochas extrusivas com crostas meteorológicas. Os depósitos pós-pliocénicos consistem em conglomerados soltos, argila, areia e calhaus. Os sedimentos mais jovens consistem em material aluvial, calhaus, areia ou argila deluvial e depósitos de granulado grosseiro.

1.1.3. CALENDÁRIO

O clima da Geórgia é diversificado, devido às condições geográficas específicas. A Geórgia situa-se na fronteira de climas subtropicais e temperados, entre o Mar Negro e o Mar Cáspio e tem um relevo complexo devido à geologia e à topografia. No território relativamente pequeno da Geórgia existe uma grande variedade de climas regionais e locais, clima subtropical húmido, neve e glaciares permanentes e clima seco subcontinental no sul da Geórgia.

A radiação solar, a circulação atmosférica e as características da superfície desempenham um papel fundamental no clima da Geórgia. Todos estes factores estão interligados e definem todos os processos naturais. Pela radiação solar, o clima da Geórgia é subtropical.

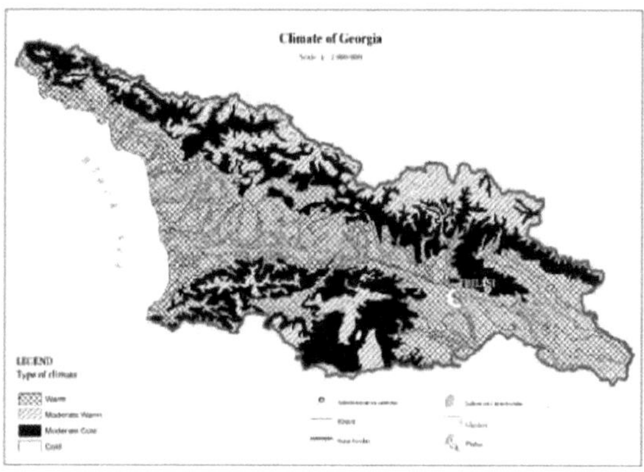

Fig.2. Clima da Geórgia

A dinâmica dos processos de circulação, dependendo da topografia, (diferenças nas elevações, cristas e desfiladeiros), a distância do mar, a vegetação e a cobertura do solo definem o clima e criam um padrão climático distinto.

Alguns dos principais factores que influenciam o clima da Geórgia são a cordilheira do Cáucaso, as montanhas do sul da Geórgia e a depressão intermontana - o chamado Corredor Climático da Transcaucásia, que liga o Mar Negro e as regiões áridas do Azerbaijão. O Alto Cáucaso está ligado às montanhas do sul da Geórgia pela cordilheira do Likhi. A crista do Likhi é uma fronteira climática que divide o país em duas zonas climáticas diferentes.

Zona 1 - A Geórgia Ocidental situada na costa oriental do Mar Negro e rodeada pelas montanhas tem um clima subtropical húmido com uma pequena variação de temperaturas, com elevada precipitação, com um balanço positivo de radiação solar e elevada humidade. As massas de ar húmidas da Geórgia ocidental convergem e movem-se para cima, enquanto que as massas de ar na Geórgia oriental se movem para baixo. As massas de ar continentais húmidas dos subtropicais prevalecem durante o ano.

Zona 2 - A Geórgia Oriental tem um clima subtropical moderadamente seco. Na Geórgia Oriental, a humidade e precipitação são baixas, assim como a nebulosidade. As variações de temperatura são grandes. No Inverno, Primavera e Outono predominam as massas de ar provenientes do Mar Negro no leste da Geórgia.

No leste da Geórgia existe uma subzona de montanhas do sul da Geórgia, que tem um clima continental seco e um clima subtropical moderadamente húmido. A orografia do relevo (inclinação e orientação das encostas), a radiação solar, a circulação de massa de ar, a vegetação e a cobertura do solo definem as características da região e desempenham um papel importante na formação de regiões climáticas.

As montanhas do Cáucaso são caracterizadas por um zoneamento vertical claro. Elas formam uma fronteira natural no norte, protegendo a Geórgia das massas de ar frio. Por vezes, estas massas de ar movem-se em torno da cordilheira do Cáucaso e intrudem a Transcaucásia a partir do oeste ou leste. Elas mudam quando se deslocam sobre o Mar Negro e o Mar Cáspio. Os processos convencionais desempenham um papel importante na formação das massas de ar e são especialmente expressos durante as estações quentes.

As planícies definem o carácter da circulação no hemisfério norte, por exemplo, pelo anticiclone siberiano, os ciclones do Mar Mediterrâneo, o anticiclone dos Açores, os ciclones polares de núcleo frio e os anticiclones.

A circulação zonal é interrompida pela circulação meridiana durante a qual massas de ar frio invadem a partir do norte e massas de ar quente a partir do sul.

Existem cinco tipos de processos de circulação no território da Geórgia: ocidental, oriental, entre ocidental e oriental, anticiclones e distúrbios de ondas das regiões meridionais.

A circulação local tem uma grande importância devido às condições locais, por exemplo, a dissecação em relevo, diferenças na elevação e a influência da circulação do ar.

O zoneamento vertical das paisagens, juntamente com a influência da vegetação e da cobertura do solo, criam um padrão distinto de temperatura e humidade em várias regiões da Geórgia.

1.1.4. VEGETAÇÃO

A vegetação na Geórgia é diversificada devido a condições complexas de solo, climáticas, orográficas e outras. A vegetação inclui plantas xerófitas, amantes do calor, hidrofílicas e resistentes à geada. Em algumas partes da Geórgia existem também plantas relíquias. Em muitos lugares a vegetação foi significativamente alterada devido à influência antropogénica, por exemplo, desflorestação, drenagem, irrigação.

Os principais tipos de vegetação zonal são plantas semidesérticas, estepárias, subalpinas e alpinas.

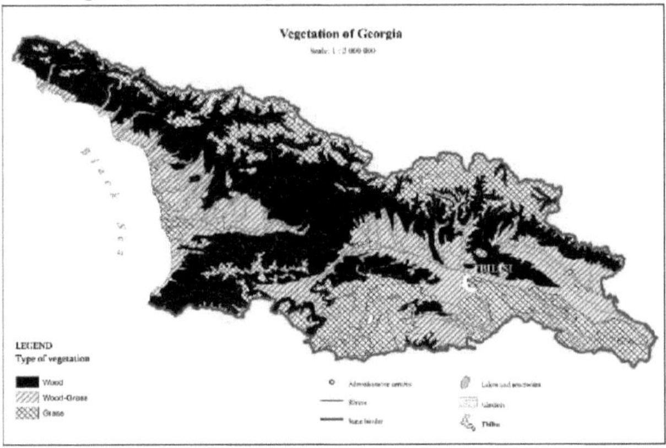

Fig.3. Vegetação da Geórgia

A fronteira ocidental da vegetação semi-desértica estende-se perto de Tbilisi. Esta vegetação é menos vigorosa e agressiva. A vegetação estepária pode ser encontrada nas planícies, nos contrafortes e entre as cordilheiras das montanhas. Isto deve-se ao facto de a vegetação estepária ser secundária, que surgiu após o corte das florestas. O desenvolvimento das estepes secundárias pode ser traçado desde os séculos XVI - XVII, por exemplo, a estepe Javakheti desenvolvida nesse período. Este tipo de vegetação mudou significativamente e é agora semelhante a uma vegetação de estepe primária. Em algumas estepes existem restos de vegetação florestal original, por exemplo pinheiros ou a floresta de Abuli com carvalhos e bétulas orientais.

As florestas áridas e escassas ocupam uma zona de transição entre o semi-deserto e as florestas. Pertencem às estepes florestais subtropicais do sul. Tal transição é característica dos países do sul (África do Norte), onde não ocorrem estepes primárias, tal como na Transcaucásia.

As florestas áridas esparsas são semelhantes às savanas em muitos aspectos. Ambas têm árvores que crescem em erva esparsa. Mas há também uma diferença entre savanas e florestas áridas esparsas. Nas savanas, o desenvolvimento depende de mudanças de humidade. Durante o ano a temperatura varia insignificantemente, garantindo assim o crescimento da vegetação durante todo o ano. Nas savanas, o ciclo de desenvolvimento depende da precipitação. Em florestas áridas e escassas, depende da falta de calor no Inverno. É opinião que as florestas áridas esparsas são uma variante nórdica das savanas.

O tipo de vegetação mais comum é a vegetação da floresta. Na Geórgia ocidental, a vegetação florestal estende-se desde a costa marítima até à zona alpina. Na Geórgia oriental as florestas fazem fronteira com estepes e semidesertos nas elevações mais baixas e nos prados alpinos nas elevações mais altas. A falta de precipitação, a baixa humidade relativa e as altas temperaturas definem a fronteira inferior das florestas. Na Geórgia oriental, a fronteira inferior das florestas coincide com a linha que marca as áreas onde o índice de humidade é 1. A fronteira alpina superior das florestas situa-se em várias elevações que variam entre 2.050m e 2.600m. Na Geórgia ocidental, a fronteira é inferior à da Geórgia oriental.

A vegetação florestal compreende várias variedades de árvores. A sua distribuição depende do zoneamento vertical. Nas planícies, existem florestas de planície constituídas principalmente por carvalhos Imereti *(Quercus imeretina)* e outras árvores. Nas zonas baixas existem florestas subtropicais e florestas de carvalhos da Geórgia *(Quercus iberica), na* zona média as florestas de faia são comuns e nas zonas superiores as florestas de abeto, pinheiro e carvalho *(Quercus macranthera).* As florestas de bétula, bordo, faia e pinheiro ocupam a zona subalpina.

A vegetação da zona subalpina compreende florestas subalpinas tortas e esparsas, arbustos de alta montanha, ervas altas subalpinas e prados subalpinos.

A vegetação alpina é constituída por prados alpinos e arbustos de alta montanha. A sua borda inferior coincide com a borda superior das árvores.

1.2. PECULIARIDADES GENÉTICAS DOS SOLOS DA GEÓRGIA

Os principais solos da Geórgia são: Vermelho (Ferralic, Haplic Nitisols), Amarelo (Ferric Luvisols), Pântano (Dystric, Eutric Gleysols, Histosols), Podzólico Amarelo (Stagnic, Ferric Acrisols), Gley Podzólico Amarelo (Stagnic, Ferric, Gleyic Acrisols), Floresta Castanha Amarela (Stagnic, Mollic, Humic, Ferric Luvisols), Floresta Castanha (Humic, Ferric, Eutric, Dystric Cambisols), Floresta Castanha Negra (Haplic Chernozems), Carbonato Bruto (Rendzic Leptosols), Cinamónica Cinzenta (Calcic, Vertic
Kastanozems), Cinamónica Cinzenta de Prados (Haplic, Gleyic, Vertic Kastanozems), Cinamónica (Crómica, Calcária, Húmica, Eutric Cambisols), Cinamónica de Prados (Crómica, Calcária, Gleyic, Eutric Cambisols), Negra (Haplic Vertisols), Chernozems (Vorónica, Calcik Chernozems), Prado de montanha (Haplic Ubrisols), Prado de montanha (Hyperdystric Umbrisols), Chernozems (Phaeozems), Andosols (Andosols), Salino (Vertic Solonchaks, Mollic Solonetz), Aluvial (Gleyic, Eutric, Dystric Fluvisols) (Urushadze, Blum, 2014).

1.2.1.SOLOS VERMELHOS (FERRALIC, HAPLIC NITISOLS)

Os solos vermelhos são caracterizados por cores vermelhas, argilização e geralmente por grandes profundidades de solo. O perfil do solo mostra os seguintes horizontes: A-AB-B-BC-C.

Na Geórgia a área total de solos vermelhos é de cerca de 1% da superfície do terreno (130.400 ha). Estes solos ocorrem na parte sudoeste da zona subtropical húmida (Adjara, Guria). Também se encontram em Samegrelo e Abkhazia.

Os solos vermelhos são distribuídos até 100-300 m acima do nível do mar (a.s.l.) e ocupam um relevo montanhoso montanhoso acidentado. Os solos que formam rochas são representados por produtos de cor vermelha das rochas efusivas (principalmente andesite) e seus derivados. A profundidade do lençol freático é de 8-10m.

O clima é subtropical húmido. A temperatura média anual é de 13,7-15,1° C. A temperatura do mês mais frio, Janeiro, é de 4,8-6,8° C, enquanto a mais quente, Agosto, é de 21,9-24,50C. A duração do período de vegetação é de cerca de oito meses. A precipitação anual é de 1.200-2.500mm. A precipitação mínima ocorre na

Primavera. A soma da temperatura activa é de 3.500-4.700 C.⁰

A vegetação natural consiste numa floresta subtropical mista, onde nos encontramos com castanheiros, carvalhos, faias, faias e outros. Esta floresta é descrita como um tipo de floresta sempre verde. Actualmente, grande parte desta área é desmatada e ocupada por agricultura subtropical e plantações de chá.

Os solos vermelhos são caracterizados por reacção ácida. Além disso, o pH muda significativamente ao longo do perfil. O conteúdo de húmus é médio ou alto. O tipo de húmus é fulvic. A capacidade de troca de base é baixa ou média. Entre os cátions permutáveis, como regra, prevalece o hidrogénio permutável. Os solos vermelhos são caracterizados por argila pesada, argila e textura argilosa pesada. Estes solos são empobrecidos por sesquioxidos. A parte mineral dos solos é caracterizada pela meteorização ferralítica. Os minerais argilosos são caulinite, halloysite, hematite e gibbsite. Em solos vermelhos predomina o ferro silicato sobre o não silicato. As formas separadas de óxidos de ferro estão mais ou menos igualmente distribuídas no perfil.

Os processos básicos de formação do solo destes solos são: ferrallitização, argilização e formação de húmus.

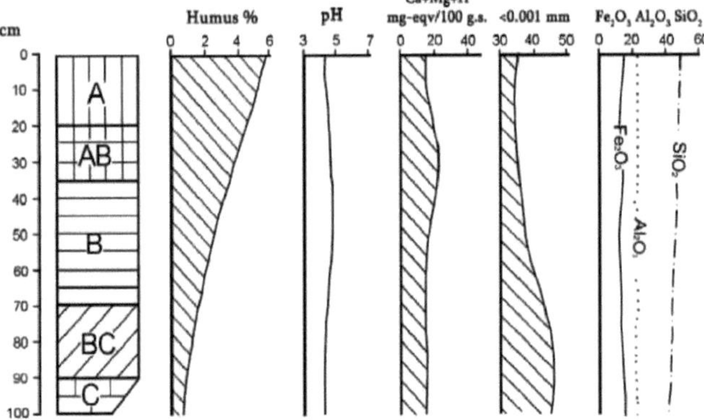

Fig. 4. Parâmetros básicos dos solos vermelhos.

A ferrallitização passa por várias etapas. Na primeira etapa da meteorização durante a hidrólise intensiva dos minerais primários e libertação de bases e sílica livre, ocorre a formação da montmorilonite. Na fase seguinte da meteorização, quando a espessura do solo aumenta e as bases são perdidas, os solos tornam-se mais ácidos. Em parte, a montmorilonite perde-se por processos de desnudação, enquanto que o restante material meteorológico é transformado no seu lugar. Finalmente, forma-se um solum com alto teor de argila.

A formação de solos vermelhos necessita de drenagem e de condições de lixiviação intensivas, é necessário um clima intensivo e longo para a formação destes solos.

Portanto, estes solos são encontrados em trópicos e subtropicais húmidos, onde os processos de meteorização e formação do solo têm tido lugar continuamente desde o período terciário em condições de temperatura e humidade elevadas permanentes.

1.2.2. SOLOS AMARELOS (FERRIC LUVISOLS)

Os solos amarelos são caracterizados por cores amarelas, argilização e geralmente por perfis profundos. Os solos mostram os seguintes horizontes: A0-A-AB-B-BC-C.

Na Geórgia, a área total de solos amarelos cobre 4,5% (317.600ha). Estes solos estão amplamente distribuídos na zona subtropical húmida da Geórgia Ocidental, na faixa montanhosa montanhosa.

Os solos amarelos são formados sob um clima subtropical húmido. A temperatura média anual varia entre 13,7 e 15,1⁰ C. A temperatura do mês mais frio, Janeiro, é de 3,8-6,8⁰ C, do mais quente, Agosto, 19,3-24,5⁰ C. A duração do período de vegetação é de oito meses. A precipitação anual é elevada, variando de 1.100 a 2.500 mm. No entanto, a sua distribuição ao longo do ano não é igual. A precipitação mínima é em Abril, Maio e Junho, mas com uma humidade relativamente elevada (até 80%).

Os solos amarelos encontram-se nos antigos terraços marinhos e nos contrafortes dos montes fronteiriços.

Os solos que formam rochas são ácidos e, em média, os xistos climatéricos. Nos terraços, estes solos são geralmente desenvolvidos sobre depósitos de argila com uma relação SiO2:AL2O3 de 3,20.

Contudo, também é possível uma relação de SiO2:AL2O3 < 2,50. As rochas formadoras de solo são caracterizadas por propriedades que promovem a erosão e os desabamentos de terras. Geralmente, a área de solos amarelos é restrita à distribuição de rochas com as características indicadas acima.

A vegetação natural consiste em florestas subtropicais mistas (carvalhos, zelkova, castanheiros, pterocarya, limoeiro, ácer e outros). Actualmente, grandes partes desta área são desmatadas e utilizadas para a produção agrícola.

Portanto, os solos amarelos são caracterizados por grandes profundidades, cores amarelas e por uma estrutura friável.

Os solos amarelos são caracterizados por reacção ácida. O conteúdo de húmus varia de 2% - 7%. Com a profundidade, o conteúdo de húmus diminui acentuadamente. O húmus é fúlvico. O complexo de trocas não é saturado de base, mas o grau de saturação muda consideravelmente de 4-7% para 60-70%. A textura também muda significativamente com a profundidade. O conteúdo de ferro extraível oxalato é pequeno.

De acordo com a análise química total, os óxidos principais são desigualmente distribuídos com profundidade. Na fracção de lodo a relação SiO2:R2O3 varia de 1,95 a 2,7. o que indica uma meteorologia ferralitica bem como siallítica.

Nos solos amarelos, os processos elementares básicos de formação do solo são: ferrallização, argilização, formação de húmus e gleyização.

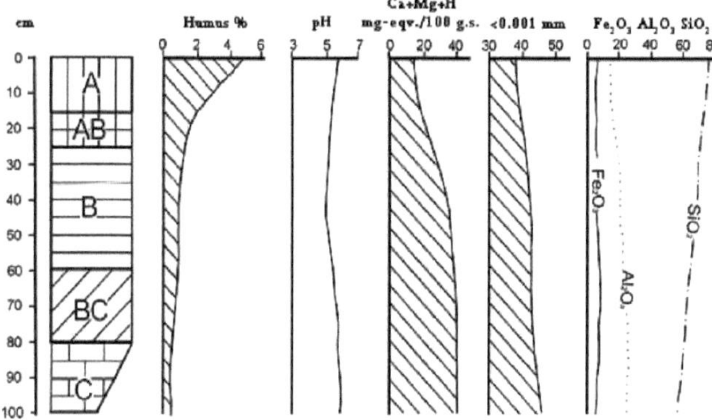

Fig. 5. Parâmetros básicos dos solos amarelos.

Os solos amarelos caracterizam-se por uma clara diferenciação textural entre os horizontes superior e inferior. Os horizontes médios contêm sedimentos e argila em contraste com os horizontes superiores, indicando assim a argila nestes horizontes. No entanto, na maioria dos casos, o aumento do conteúdo de argila na parte do meio do perfil deriva da sua acumulação.

A eluviatura da diferenciação argilosa e textural pode ser explicada pela presença de um horizonte argiloso, que é diferente do horizonte superior através de um conteúdo mais elevado de lodo. Nos solos amarelos há sinais de características férricas.

A distribuição e as propriedades dos solos amarelos são determinadas pela influência das rochas-mãe. Durante os processos de formação do solo, uma mobilização de ferro ocorre paralelamente à formação de hidróxidos de ferro. Este último determina a cor amarela dos solos. A forte formação de hidróxidos nos solos amarelos é determinada pelas propriedades internas, especialmente pela estrutura do solo e pela capacidade de retenção de água.

1.2.3. SOLOS PANTANOSOS (DISTRICOS, EUTRIC GLEYSOLS, HISTOSOLS)

Os solos orgânicos pantanosos e pantanosos encontram-se principalmente nas terras baixas de

Kolkheti (220.000ha). Este último representa um triângulo entre Kobuleti, Ochamchire e Samtredia. Os solos de pântanos são esporadicamente encontrados na Geórgia Oriental e do Sul.

Os solos de pântanos envolvem pântanos de sedimentos (130.400 ha ou 1,9% do país) e solos orgânicos (turfa) (70.600ha,1% do território).

O clima da planície de Kolkheti é quente e húmido. A temperatura média anual é de 13,7-14,40C. A temperatura do mês mais frio, Janeiro, é 3,6-4,60C, do mês mais quente, Agosto, é 22,4-23,20C. A duração do período de vegetação é de oito meses. A precipitação anual chega a 1,157-1,757mm. A precipitação mínima é na Primavera, a máxima no Outono e no Inverno. A humidade relativa média anual atinge 71-82%.

A planície de Kolkheti pertence às planícies formadas por delta-acumulação. A parte central entre os rios forma um talweg, porque as margens do rio são altas. De acordo com a literatura, a planície foi influenciada por movimentos epirogénicos com longas fases de inundação.

A planície de Kolkheti é preenchida por material aluvial, que é composto por material do Cáucaso do Norte e do Cáucaso do Sul de rocha. Os depósitos contêm sobretudo carbonatos, no estrato superior partilhados com a argila predominante.

O principal tipo de vegetação é a mata ciliar plana, com vegetação de pântano e psamofilur que a acompanha. As florestas ribeirinhas são principalmente compostas por florestas de anciãos misturados com carvalhos, freixos e choupos. Nos pântanos, o sedimento é comum.

Os solos de pântano apresentam grande profundidade e são caracterizados por uma textura pesada com sinais de saliviação.

Observa-se tecido vegetal e partículas de carvão vegetal. A microestrutura elementar é composta por pó de areia-plasma. O esqueleto é composto por areia pequena e grandes grãos de poeira, entre os quais clorites e minerais de minério. O plasma predomina sobre o esqueleto e tem uma composição de argila e ferro argiloso, com um grau perceptível de mosaico e estrutura de fibra. Muitos pequenos (0,01-0,1mm) óxidos de ferro castanho e cinamónico são visíveis.

Os solos minerais do pântano caracterizam-se por uma reacção fracamente ácida ou neutra, um elevado teor de húmus e uma textura pesada em todos os perfis, altamente dispersiva. Entre os catiões absorvidos, o cálcio predomina no complexo de permuta.

De acordo com a análise química global, os principais óxidos são distribuídos de forma desigual, o que aponta para a sua natureza aluvial.

Os solos de pântanos caracterizam-se por um aumento do conteúdo de diferentes formas de ferro. Ao mesmo tempo, na parte superior do perfil, encontra-se uma acumulação de óxidos de ferro amorfos, mas os óxidos bem cristalizados estão na profundidade.

Os processos básicos em solos pantanosos são: gleyização, argilização, formação de húmus e formação de turfa.

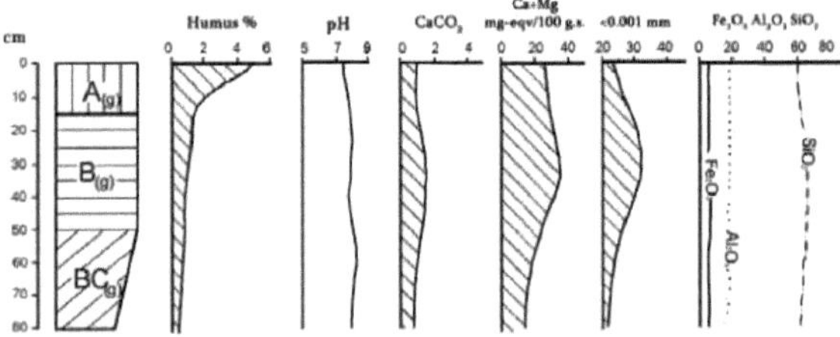

Fig. 6. Características básicas dos solos pantanosos.

As interpretações da formação do pântano na planície de Kolkheti são muito diferentes. A formação de pântanos está ligada à precipitação e a água superficial dos leitos dos rios ou os processos de pântano estão ligados à água subterrânea e à água subterrânea do solo.

1.2.4. SOLOS PODZÓLICOS AMARELOS (ESTAGNADOS, ACRISÓIS FÉRRICOS)

Os solos podzólicos amarelos são caracterizados por perfis fortemente diferenciados com a seguinte sequência de horizontes: A-A1A2-A2(g)-B1-B2-BC-C. As principais características de diagnóstico do solo são um horizonte eluvial bem expresso, pobre em sedimentos e sesquioxidos, e um horizonte illuvial castanho-amarelado.

Na Geórgia, a área total de solos podzólicos amarelos é de 2% (137.600ha). Estes solos estão distribuídos na zona subtropical húmida da Geórgia Ocidental de 30 a 200m a.s.l., principalmente em pequenos declives periféricos da parte nordeste da planície de Kolkheti, em antigos terraços fluviais. Os solos podzólicos amarelos são abordados com solos amarelos e solos calcários de húmus em bruto de um lado e com solos podzólicos gélicos e pantanosos amarelos do outro lado.

Os solos podzólicos amarelos são formados principalmente nos antigos terraços marítimos. Estão inclinados para o Mar Negro. As partes mais altas dos terraços são dissecadas e bem drenadas. As partes inferiores dos terraços são caracterizadas por uma reduzida permeabilidade à água. Grandes áreas deste solo existem nos antigos terraços dos rios Kodori, Enguri, Khobi, Rioni, Kvirila e outros.

Os solos que formam rochas são friáveis e, em regra, de carácter heterogéneo. Por exemplo, em terraços baixos da parte noroeste de Kolkheti encontramos sedimentos argilosos, que cobrem conglomerados, mas em alguns locais também depósitos de argila. No sopé central e noroeste dos contrafortes existem terraços altos. Aqui encontramos argilas terciárias e conglomerados. Nos antigos terraços dos rios, as argilas pesadas são distribuídas com depósitos mais leves nas partes mais profundas dos terraços.

O clima é húmido, subtropical. Os Invernos são quentes (temperatura média em Janeiro 4,4-6,8 oc) e os Verões quentes (temperatura média em Julho 22,5-24,5 oc). A temperatura média anual varia entre 14 e 190C. A soma da temperatura "activa" ascende a 4.000-4.700 oc. A duração do período de vegetação é de oito meses.250-290 dias estão livres de geadas. Uma vez em 12-15 anos, a temperatura cai abruptamente. Em tais condições, a vegetação subtropical morre. A precipitação é bastante elevada, cerca de 1.500mm, frequentemente com alta intensidade. Em vinte e quatro horas, são possíveis 100-150mm de precipitação. Tais intensidades de precipitação causam frequentemente a erosão do solo. No passado, o tipo de floresta kolkhetiana existia nesta zona. Entre as árvores de madeira (carvalho, zelkova, castanheiro, diospiro, choupo, freixo, etc.), podiam encontrar-se arbustos (salsaparrilha) e todas as florestas de sub-bosque verdes (caixa, loureiro-cereja, rododendro). Esta vegetação natural já não existe como resultado da desflorestação e da transformação em pastagens ou plantações de chá, citrinos, tabaco e milho. As florestas de Kolkheti foram preservadas em forma de manchas fragmentárias.

Os solos podzólicos amarelos são caracterizados por uma reacção ácida com um pH entre 4,5 e 6,0. Os horizontes eluviais mostram a maior acidez que decresce para camadas mais profundas. O conteúdo de húmus é pequeno ou médio. No horizonte do húmus, o conteúdo de húmus varia entre 2,5 e 5,5%, no horizonte baixo aC entre 0,5 e 0,9%. O tipo de húmus é preenchido com um rácio Ch:Cf de 0,3 a 0,9. Os solos são argilosos e argilosos.

De acordo com a análise química total, a distribuição de sesquioxidos varia fortemente. No horizonte eluvial, observamos uma acumulação de sílica e um baixo teor de sesquioxidos. No horizonte illuvial mais profundo, o conteúdo de sílica diminui, enquanto que os sesquioxidos aumentam.

Na fracção de lodo há uma forte diminuição do teor de sílica e um aumento de sesquioxidos. Além disso, os óxidos de ferro estão distribuídos verticalmente de forma igual, aumentando com a profundidade. Na fracção de lodo, a relação $SiO2:R2O3$ é normalmente inferior a 2,5. Uma das características é a presença de um horizonte ortstein, o que causa uma série de impactos negativos.

Na fracção de sedimentos deste solo predomina a caulinite, existe clorite, haloysite, e alguma sílica cristalina dispersa.

Nos solos podzólicos amarelos, a distribuição do ferro é caracterizada por dois máximos, um no horizonte superior e outro no horizonte inferior.

Estes solos podzólicos amarelos são caracterizados por uma reacção ácida (o pH mais baixo no horizonte eluvial), um teor baixo a médio de húmus (tipo fulvático), baixa capacidade de adsorção, com um horizonte eluvial pobre em lodo e argila, uma distribuição eluvial-illuvial dos óxidos principais, com um excedente de ferro não silicato.

Os processos básicos de formação de solos podzólicos amarelos são: podzolic, illuviação argilosa, aliciamento e lixiviação.

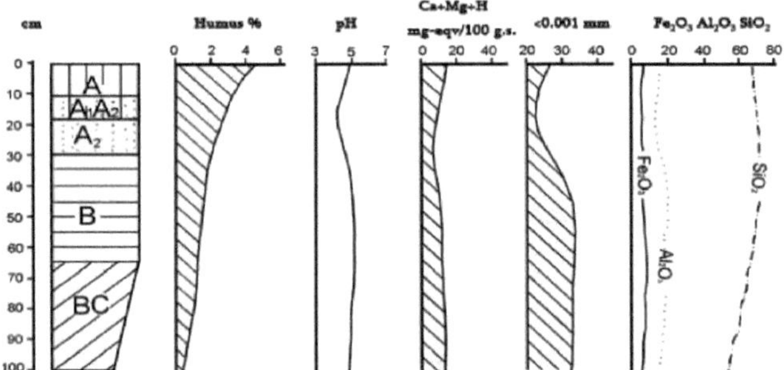

Fig. 7. Parâmetros básicos dos solos podzólicos amarelos.

Os solos podzólicos amarelos distinguem-se dos podzóis reais pelas suas condições de formação do solo (clima subtropical, rochas-mãe ricas em ferro). Como resultado, nestes solos não se verifica uma podzolização "real" ou a meteorização de minerais primários e secundários e a sua translocação no perfil. O perfil de um solo podzólico amarelo é o resultado dos chamados processos "pseudopodzólicos", a lixiviação de partículas finas, principalmente argila e lixiviação de superfície. O processo de "lessivage" determina a formação de camadas de solo com drenagem impedida. Os solos são caracterizados por períodos de elevada humidade e horizontes superiores húmidos e por alterações nas condições redox. Durante os óxidos de ferro de alta humidade (Fe203) tornam-se móveis nestes horizontes. Em períodos secos, a oxidação do Fe ocorre como resultado de condições aeróbias. Os compostos de ferro reduzidos são lixiviados e acumulados em horizontes ilusórios. O ferro, que permanece nos horizontes superiores, não aparece como óxidos e, portanto, desenvolve-se uma cor amarelo-pálida. Investigações recentes provam que em solos podzólicos amarelos também se pode realizar uma "verdadeira" podsolização.

1.2.4. SOLOS PODZÓLICOS AMARELOS DE CEVADA (ESTAGNADOS, FÉRRICOS, ACRISÓIS DE CEVADA)

Os solos podzólicos amarelos de cevada caracterizam-se por perfis nitidamente diferenciados com a seguinte sequência A-A1A2-B1-B2-BC-CDg-G orA1A2-A2-A2B-BCg. As condições de formação dos solos podzólicos amarelos de cevada estão estreitamente relacionadas com as dos solos podzólicos amarelos, mas são diferentes em relação ao regime de humidade do solo. A área total dos solos podzólicos amarelos é de 0,7% (14.200ha) do território do país. Os solos podzólicos amarelos de cevada fazem fronteira, de um lado, com solos calcários de húmus amarelo e bruto e com solos podzólicos amarelos e pantanosos do outro lado.

Os solos podzólicos amarelos são distribuídos na mesma área que os solos podzólicos amarelos, mas ocupam partes mais baixas do relevo.

Os solos podzólicos amarelos de cevada são caracterizados por um perfil fortemente diferenciado, com uma gleyização intensiva, com concreções em todo o perfil.

Os solos amarelos podzolicn gley são caracterizados por uma reacção ácida, neutra ou alcalina fraca, teor moderado e elevado de húmus, de tipo fúlvico. Os solos são de base saturados ou insaturados. A reacção do solo e, consequentemente, a saturação e insaturação da base está relacionada com a química das águas subterrâneas. A textura é argilosa e argilosa. O húmus e os horizontes eluviais são pobres em lodo e argila. De acordo com a análise química total, os óxidos são caracterizados por uma diferenciação eluviário-illuviácea.

O conteúdo do ferro silicato predomina normalmente nos não silicatos.

Os processos básicos de formação do solo de podzolic gley amarelo são: gleyização, podzolização, lessivização, alitização e lixiviação.

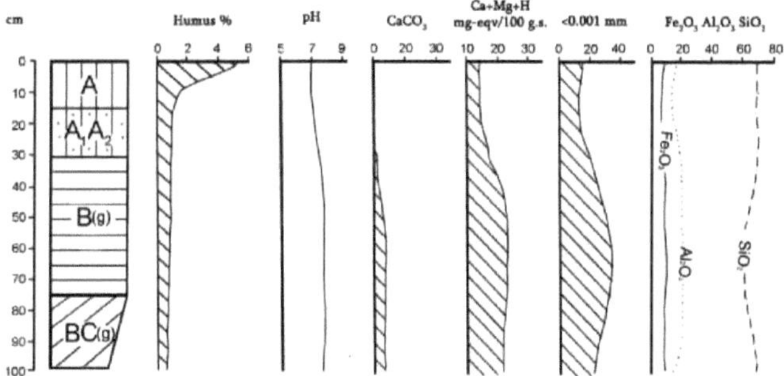

Fig. 8. Parâmetros básicos dos solos de cevada podzólica amarela.

A formação dos solos podzólicos amarelos é baseada em dois processos principais de formação do solo: a formação de pântanos e a podzolização.

Como resultado dos processos de pântano formam-se horizontes gélicos de pântano e após a podsolização ocorrem horizontes podzólicos e ortstein. Os solos podzólicos amarelos de gley são caracterizados por um regime hidrológico peculiar: no período chuvoso, o nível da água subterrânea aumenta e os poros do solo são preenchidos com água. Consequentemente, ocorrem processos anaeróbicos, que determinam a formação de um horizonte pantanoso de gleyic. No período de precipitação intensiva, acumula-se o excesso de água na superfície do solo, pelo que a salilização começa aqui. Nos períodos de seca, o nível de água subterrânea é baixo, os processos aeróbicos dominam no horizonte superior do solo. Com base nestes processos de formação do solo, formam-se horizontes podzólicos e pântanos gleicos de diferentes intensidades.

1.2.6. SOLOS DE FLORESTA CASTANHOS AMARELOS (ESTAGNADOS, MOLÍCOS, HÚMICOS, LUVISOLS FÉRRICOS)

Os solos de floresta castanhos amarelos são caracterizados por um húmus bem expresso e um horizonte illuvial castanho-amarelado. O perfil do solo tem geralmente os seguintes horizontes: A-AB-B1-B2-C1-C2orA-B1-B2-C1-C2orA- AB-B-B1B2-BC. Os principais índices de diagnóstico são bem expressos por húmus e um horizonte B castanho-amarelado, com uma climatologia alérgica e um elevado teor de óxido de ferro.

Na Geórgia, a área total de solos florestais castanhos amarelos atinge 1,5% (106.000 ha). Os solos castanhos amarelos estão distribuídos na Geórgia Ocidental entre os solos florestais amarelos, vermelhos e castanhos da faixa subtropical (em altitudes de 400-500m a 800-1.000m). Faz fronteira com os solos gélicos vermelhos, amarelos, podzólicos amarelos e podzólicos amarelos, por um lado, e com os solos castanhos da floresta, por outro.

As rochas-mãe destes solos são porfirite jurássico médio, porfirite e rochas efusivas (andesite, andesite-basalto) e os seus derivados em antigas superfícies de desnudação.

O clima é subtropicalmente húmido. Os Invernos são quentes (temperatura média em Janeiro de 0,7 a 3,2º C), com Verões com uma temperatura média em Julho de 18,8 a 21,8º C. A duração do período de vegetação é de seis a sete meses. A precipitação anual varia de 1,035 mm a 2,108 mm.

A vegetação natural consiste em florestas subtropicais mistas com florestas de castanheiros, nas quais existem o carvalho caucasiano, o carvalho Hartvis, o bordo oriental e outras árvores. A vegetação subflorestal sempre-verde (louro de Cherr, rododendro caucasiano, mirtilo caucasiano) está também representada.

Os solos de floresta castanhos amarelados caracterizam-se pela ausência de lixo como resultado da sua decomposição muito rápida, com horizontes de húmus bem expressos com estrutura arenosa, com um horizonte illuvial castanho-amarelado com estrutura angular esfarrapada e a ausência de sedimentos.

Os solos castanhos amarelos são caracterizados por uma fracção de sedimentos insignificante, reacção ácida, a mobilização do ferro. Isto resulta na formação de complexos orgânicos metálicos, na meteorização completa, na mobilidade limitada da matéria húmica e na profundidade por um aumento notável de ácidos fúlvicos e um aumento de óxidos de ferro não silicatos.

Os processos básicos de formação de solos de floresta castanha amarela são: ferrallização, formação de húmus e lixiviação.

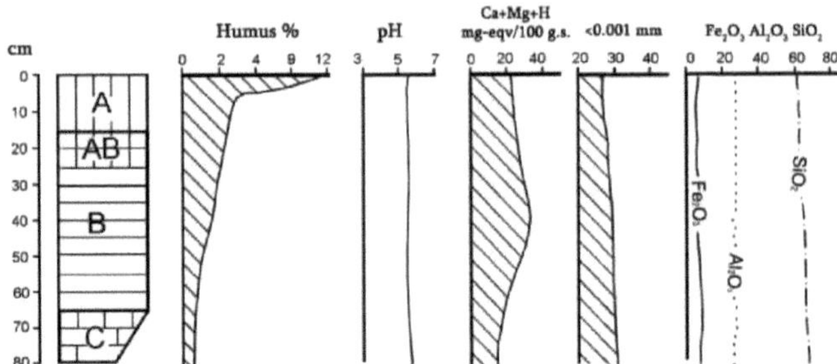

Fig. 9. Parâmetros básicos de solos de floresta castanhos amarelos.

A formação do solo de floresta castanha amarela combina a formação de um solo de floresta castanha e de um solo amarelo. Como resultado, eles têm muito em comum. Finalmente, esta combinação de processos leva a novas propriedades.

Na formação do solo florestal castanho-amarelado, os processos biológicos de rotação do solo são de particular importância. Esta actividade biológica limita o processo de podzolização.

Através de uma intensa meteorização dos minerais primários e da formação de minerais secundários, são acumulados diferentes sesquioxidos. Como resultado, o processo de desagregação corresponde à ferrallitização.

1.2.7. SOLOS DE FLORESTA CASTANHA (HÚMICOS, FÉRRICOS, EUTRICOS, CAMBISSOLOS DISTRICOS)

Os solos de floresta castanha são caracterizados por um perfil fracamente diferenciado, embora por vezes como resultado da formação de argila na parte do meio do perfil seja visível uma diferenciação textural. Por conseguinte, pode ocorrer uma gleyização da superfície. O perfil do solo tem os seguintes horizontes: A0 - A - Bm - C. A principal característica diagnóstica é a argila metamórfica no horizonte Bm.

Na Geórgia, os solos da floresta castanha estão amplamente distribuídos. A área total eleva-se a 1.329.000 ha, o que representa 18,1% do território total.

Os solos de floresta castanha ocorrem na Geórgia Oriental e Ocidental, bem como na Geórgia do Sul. Na Geórgia Ocidental são encontrados entre 800m (900m) até 1.800m (2.000m), na Geórgia Oriental entre 900m (1.000m) até 1.900m (2.000m).

Na zona de solos de floresta castanha são expressos fenómenos de desnudação nas direcções vertical e horizontal. Como resultado de processos de erosão e desnudação, ocorre o desenvolvimento de peneplainas. Os solos de floresta castanha desenvolvem-se principalmente em declives, que determinam a drenagem livre entre solos.

Na Geórgia Ocidental, a formação destes solos ocorre em arenitos terciários e ardósias, depósitos e conglomerados de argila. Na zona média do Grande Cáucaso, o giz e os calcários jurássicos cobrem uma grande área, formando uma região calcária cársica.

Na outra parte do território, predominam diferentes rochas cristalinas e sedimentares, granitos, gneisses, xistos paleocénicos, arenitos jurássicos e terciários jurássicos.

A parte mais alta da zona florestal de montanha de Abkhazia, Svaneti e Upper Imereti é formada por granitos e gneisses. Na parte ocidental da zona florestal de montanha do Pequeno Cáucaso, rochas efusivas e também arenitos terciários, argilas calcárias e ardósia argilosa ocupam vastas áreas.

A geologia da zona florestal montanhosa da Geórgia Oriental é caracterizada por arenitos jurássicos, ardósias argilosas e ardósias carbonáticas. As formações vulcânicas estão amplamente distribuídas na Geórgia do Sul. O solo da floresta castanha é desenvolvido em condições quentes e moderadamente húmidas. A temperatura de Julho é de 16,8-21,8º C, de Janeiro -2,1- -7,6º C. A temperatura média anual é de 3,8-10,9º C. A precipitação anual flutua entre 527mm e 1,737mm. Os solos da floresta castanha são formados sob faia, coníferas escuras, pinheiros, carvalhos e outras espécies vegetais.

As florestas de faias ocupam a maior área e são o principal tipo de vegetação. Formam uma zona natural separada de 1.000-1.100m a 2.000-2.100m a.s.l. As florestas escuras de coníferas estão amplamente distribuídas na Geórgia Ocidental, mas na Geórgia Oriental, são encontradas apenas na parte ocidental entre 900-1.000m até 2.0002.150m a.s.l. Tal como as florestas de faias, as florestas escuras de coníferas são caracterizadas por uma intensa circulação biológica de azoto e cálcio.

As florestas de pinheiros estão amplamente distribuídas e criam grandes maciços em regiões mais ou menos isoladas do Grande Cáucaso (Svaneti, Khevsureti, Mta-Tusheti) e também em regiões com clima continental. As florestas de carvalhos têm diferentes espécies de carvalhos, entre elas a *Quercus iberica,* amplamente distribuída, que forma maciços florestais na Geórgia Oriental e Ocidental entre 400 (500)m e 1.000 (1.100) m a.s.l.

Os solos florestais castanhos são caracterizados por uma pedogénese relativamente jovem com tendência a desenvolver-se na direcção de outros tipos de solo.

Os solos florestais castanhos são caracterizados pelas seguintes indicações de diagnóstico: fraca diferenciação dos horizontes genéticos (excepto podzólico florestal castanho), mais ou menos com uma cor castanha monótona, presença de cobertura de ninhada bem expressa, reacção fracamente ácida ou ácida, formação de argila em todo o perfil, distribuição mais ou menos igual de sílica e sesquioxidos (excepto podzólico florestal castanho), elevado teor de formas móveis de óxidos de ferro, humificação média e profunda, tipo fúlvico de húmus, tipo siallite, na presença de hidromicas, montmorilonite e mica-montmorilonite de camada mista de silicatos.

Os processos básicos de formação do solo de solos florestais castanhos são: acumulação do tipo mull de húmus, formação de argila, lessivação (lixiviação).

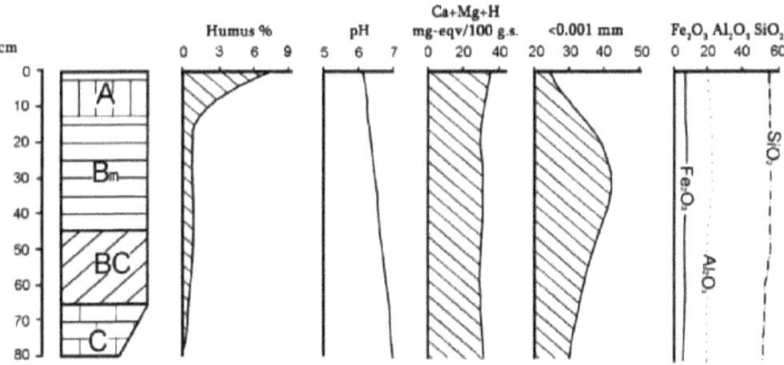

Fig. 10. Parâmetros básicos dos solos de floresta castanha.

O desenvolvimento de solos de floresta castanha ocorre nas seguintes condições ecológicas: 1) grandes florestas de folha caduca, de coníferas ou coníferas com cobertura de erva bem desenvolvida, que se caracteriza por processos intensivos de rotação biológica de N e Ca;2) predominância da precipitação sobre a evaporação, que determina a lixiviação de água nos solos; 3) drenagem inter-solo livre, que está ligada à distribuição de solos florestais pardos em encostas; 4) geada sazonal curta (raramente) que suporta processos intensivos de meteorização e o desenvolvimento de minerais secundários; 5) formação de solos relativamente jovens devido a uma tendência de formação transitória de outros tipos de solos.

Com base nestas condições, os solos florestais castanhos desenvolvem os seguintes processos básicos: 1) formação de húmus e acumulação de húmus, que determinam a formação de um horizonte de húmus castanho escuro sob a camada de liteira; 2) formação de argila siáltica em todo o perfil com transferência insignificante de produtos meteorológicos e formação de um horizonte dominado por argila sob o horizonte de húmus.

Os solos formados através destes processos apresentam geralmente um perfil castanho monótono, desenvolvido em declives drenados. Com o aumento da altitude, a qualidade da humificação diminui.

1.2.8. SOLOS PRETOS DA FLORESTAS PRETOS (CHERNOZEMAS FELICOS) Os solos negros da floresta castanha são caracterizados por um horizonte de húmus espesso com um regime de água húmida. O perfil do solo tem geralmente os seguintes horizontes: A0-A11-A111-A1111-BC2orA0-A11-A111-AC2. As características diagnósticas são uma cor castanha preta (castanho escuro), grande estrutura em bloco (crocante no horizonte A11), estrutura comparativamente friável com a ausência de carbonatos. Os solos negros da floresta castanha estão distribuídos no cinturão florestal do Pequeno Cáucaso de 1.100 a 1.600m. Estes solos fazem fronteira com os solos da floresta castanha.

As rochas-mãe do solo negro da floresta castanha são andesit-basalt sobre um relevo plano inclinado para o Sul.

Os solos negros da floresta castanha são formados num clima frio e húmido (Verão frio e Inverno frio). A temperatura no mês mais frio, Janeiro, é de -2,2° C, no mês mais quente, Julho, é de 18,6 °c com uma temperatura média anual de 8,0° C. A soma da temperatura activa equivale a 2.200-2.500° C. A duração do período de vegetação é de cinco meses. A precipitação anual atinge 700mm, com um máximo em Maio e Junho.

A vegetação é caracterizada pela *Quercus macranthera*. A densidade da floresta é baixa com uma cobertura herbácea intensiva. Para além de carvalhos, também se encontram faias e chifres.

Os solos negros da floresta castanha são caracterizados por horizontes de húmus castanho-escuro (castanho-escuro) e uma estrutura de blocos rastejantes.

Mostram uma reacção fracamente ácida especialmente no horizonte A11. O conteúdo de matéria orgânica é médio, mas em alguns casos elevado. O solo é profundamente humificado. Nos horizontes baixos, o conteúdo de húmus atinge ainda 1,20-1,79%. De acordo com o teor de matéria orgânica, os ácidos húmico e fúlvico predominam com uma razão Ch:Cf fracção de 0,72-0,98 em todo o perfil, que tem uma alta saturação de base 95-100% com cálcio predominante.

A textura do solo é de argila pesada. De acordo com a análise química total, o conteúdo de Fe203 na parte inferior do perfil está a aumentar. O tipo de argila é siallítico.

Nos solos negros da floresta castanha observa-se um elevado teor (mais do que nos solos da floresta castanha) de ferro não silicato e amorfo com uma elevada mobilidade do ferro.

Os processos básicos de formação de solos negros de floresta castanha são: formação de húmus, acumulação de húmus, lixiviação, siallitização.

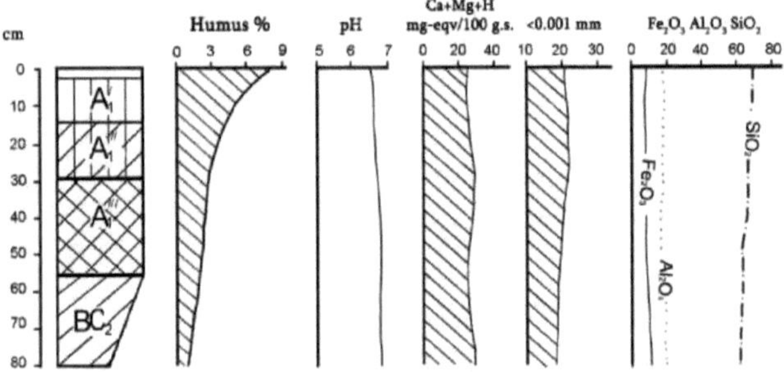

Fig. 11. Parâmetros básicos dos solos negros da floresta castanha.

A génese destes solos está directamente relacionada com a química das rochas-mãe (andesite-basalto), particularmente com o elevado teor de cálcio. Portanto, a vegetação natural (QuercusmacrantheraF.et M. e gramíneas abundantes) é também rica em cálcio. A influência intensiva da vegetação nos processos de rotação

18

biológica é a razão da composição organo-mineral do solo e dos horizontes profundos de húmus. O regime de humidade húmida exclui a acumulação de carbonatos e apoia a formação destes solos.

1.2.5. SOLOS CARBONATADOS BRUTOS (LEPTOSSOLOS RENDZICOS)

Os solos carbonatados brutos caracterizam-se por perfis fracamente diferenciados. Os perfis dos solos têm geralmente os seguintes horizontes: A0-A-AB-BC. São formados principalmente na zona florestal sobre rochas carbonatadas (por exemplo, calcário, mármore, dolomite e argila calcária) e caracterizam-se por um regime de lixiviação ou de humidade de lixiviação periódica. O solo tem um horizonte de húmus bem expresso com uma elevada capacidade de troca.

A área total de solos carbonatados em bruto compõe 4,5% (317.200ha) da área total do país.

Estes solos estão amplamente distribuídos na Geórgia Ocidental, também na Geórgia Oriental, principalmente em áreas com calcário e argilas calcárias. Para além do cinturão de floresta de montanha, os solos carbonatados brutos são distribuídos na zona húmida e seca subtropical das altas montanhas.

Nas regiões com rochas carbonatadas, encontramos dois tipos principais de relevos: glaciares e cársicos. O primeiro é desenvolvido a partir de glaciares antigos. Este tipo representa uma faixa contínua nas altas montanhas da Geórgia Ocidental. Um relevo glaciar encontra-se principalmente em corredores, circos, tropas e cársicos. O relevo cársico é amplamente distribuído na Geórgia Ocidental. O desenvolvimento do cársico está ligado à estrutura dos sistemas de carbonato. Na Geórgia podem distinguir-se duas formas de fenómenos cársicos: o cársico subterrâneo e o cársico de superfície. Juntamente com os processos cársicos nos contrafortes da Abcásia ocorrem fenómenos de deslizamento de terras, que formam o cársis de superfície.

Em áreas com solos carbonatados em bruto, o relevo é erosivo e caracterizado por formas de desnudação, desnudação-acumulação e desnudação-deslizamento de terras.

Na zona florestal da Geórgia, o clima é moderadamente quente. A temperatura no mês mais frio é de -14 °C, no mais quente 18-20 °C. A soma da temperatura activa faz 2.000-3.500° C. A precipitação total atinge 1.400-1.600mm.

A vegetação é constituída principalmente por florestas de carvalhos com diferentes tipos de gramíneas. As áreas cultivadas são utilizadas para vinhas, pomares, entre os quais pomares subtropicais, loureiros e outras culturas perenes.

Os solos carbonatados crus caracterizam-se por horizontes de húmus bem expressos, reacção neutra ou fracamente alcalina, um conteúdo moderado de húmus, uma alta saturação da base e uma textura argilosa ou argilosa com predominância de ferro silicato.

Os processos básicos de formação do solo destes solos carbonatados brutos são: siallitização do húmus, formação do húmus e formação da estrutura.

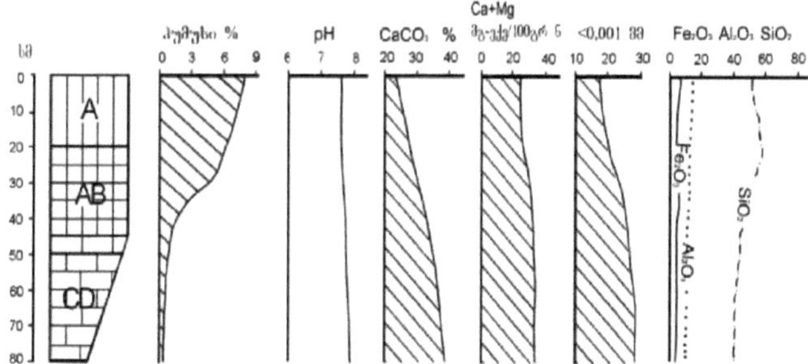

Fig. 12. Parâmetros básicos de solos carbonatados brutos.

As rochas-mãe dos solos carbonatados brutos (calcário e argila calcária) contêm os óxidos principais (SiO2, AL2O3, Fe2O3) em quantidades insignificantes. Plantas litofílicas como líquenes, musgos e outras que crescem nestas rochas contêm o dobro de sílica, sete vezes mais AL203 e cinco vezes mais Fe203 do que a própria rocha. Como resultado desta acumulação biológica de elementos pela vegetação, a terra fina torna-se rica nos principais óxidos, principalmente através de árvores calcífilas e gramíneas. Este processo tem o carácter de formação de solo de torrão, que é causado por uma capacidade de absorção altamente selectiva da vegetação. Os resíduos da vegetação são ricos em cinzas. Os solos são caracterizados por uma acumulação intensiva de húmus. Os processos intensivos de formação do solo são principalmente determinados pelo conteúdo petrográfico das rochas e pelas condições de relevo. A acumulação mais intensiva de húmus ocorre em solos que se desenvolvem sobre pedra calcária, menos sobre dolomite e argilas calcárias. Como resultado da evolução sob a influência das condições climáticas e da vegetação, estes solos apresentam características transitórias em direcção a solos de floresta castanha rendzic e solos rendzic-cinamónicos.

1.2.10. SOLOS CINZENTOS CINAMÓNICOS (KASTANOZEMS CALCÁRIOS, VERTICALIZADOS)

Os solos cinzentos cinamónicos são caracterizados por perfis menos diferenciados que mostram os seguintes horizontes: ACa-BmCa-BCam-BCCa. As principais características de diagnóstico são o baixo teor de húmus e carbonatos, na parte central do perfil uma argilização bem expressa e a presença de carbonatos perto da superfície.

Na Geórgia, a área total de solos cinzentos cinamónicos é de 5,8% (402.000ha). Estes solos confinam com solos cinamónicos, negros e cinzentos de prados.

Os solos cinzentos cinamónicos formam-se sob as condições de um clima subtropical seco moderado. A temperatura do mês mais frio é 0-1º C, a mais quente 24-250C, com uma temperatura média anual de 12-13º C. A duração do período vegetativo excede sete meses (220 dias).

O relevo é caracterizado por planícies, contrafortes e montanhas baixas.

Os solos que formam rochas são sedimentos aluviais, aluviais e eluviais de diferentes texturas, mineralogia e composição química. Por vezes, estes sedimentos são salgados.

A vegetação é estepe seca, representada por Andropogon, Stipa, Artemisia e gramíneas mistas. A vegetação arbustiva é Paliurus spina-christi e Carpinus orientalis. A maior parte do território é utilizada para a agricultura, por exemplo, trigo, centeio, milho e girassol. Comparativamente pequenas áreas são ocupadas por culturas perenes, pomares e vinhas; entre o melão e outras culturas vegetais encontramos também gerânio. Uma parte considerável do território é ocupada por pastagens de Inverno.

A formação de solos cinzentos cinamónicos é consideravelmente antiga.

Os solos cinzentos cinamónicos caracterizam-se por uma humificação significativa nos horizontes superiores, uma elevada argilização de todo o perfil do solo com um teor máximo de fracções de lodo na parte média, uma distribuição regular dos óxidos principais, saturação da base, predominância do ferro silicato sobre o não silicato, uma fraca reacção alcalina ou alcalina, carbonização de todo o perfil e a presença de um horizonte illuvial carbonatado bem expresso.

Os processos básicos de formação do solo cinamónico cinzento são: formação de húmus, acumulação de húmus, carbonização e siallitização.

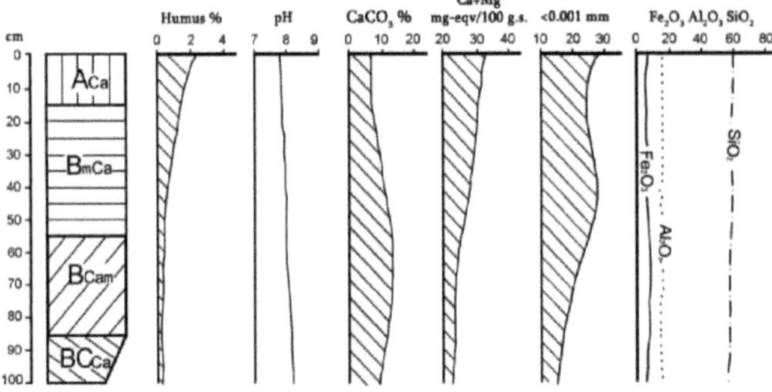

Fig. 13. Parâmetros básicos dos solos cinzentos cinamónicos.

Os solos cinzentos cinamónicos estão divididos em espécies de acordo com o grau de formação do solonchak

20

e a profundidade dos sais solúveis.

As propriedades dos solos cinzentos cinamónicos estão relacionadas com as condições bioclimáticas. O regime hídrico deste solo é não eluacial. O processo de formação do solo enquadra-se nas condições de um défice intensivo de humidade durante bastante tempo.

Como resultado, resíduos vegetais e húmus recém-formados são submetidos a uma mineralização intensiva. As peculiaridades das condições climáticas dos subtrópicos secos (temperatura elevada em combinação com um curto período de humidade suficiente) determinam a meteorização interna do solo com acumulação de argila, hidróxidos de ferro e carbonato. No período húmido, as soluções do solo (predominam os hidrocarbonetos de cálcio e magnésio) são lixiviados, mas nos períodos secos ocorre uma subida capilar.

1.2.11. SOLOS CINZENTOS DE CANELA DE PRADOS (HAPLIC, GLEYIC, KASTANOZEMS VERTICALIZADOS)

Os solos cinzentos cinzentos dos prados caracterizam-se por um perfil não diferenciado, e em comparação com os solos cinzentos cinzentos cinzentos com um perfil mais profundo, com sinais de salpicos em todo o perfil e com uma argilização intensiva. O perfil do solo tem geralmente os seguintes horizontes: ACa(g) - BtCa(g)-BCat(g) -BCCag-Cg.

Na Geórgia, a área total de solos cinzentos de prados cinzentos é de 3,3% (228.800 ha). O solo cinamónico cinzento de prados é formado a partir de solos cinzentos cinamónicos em condições de humidade aumentada. Os solos cinzentos cinzentos de prados são desenvolvidos sob condições climáticas subtropicais secas moderadas. A temperatura do mês mais frio é de 0-10C, a mais quente 24-25° C. A duração do período vegetativo excede sete meses (220 dias). A soma da temperatura activa é de 4.000-4.500° C. A precipitação média anual é de 300-500 mm, com um máximo na Primavera e Outono (80%).

O relevo é constituído por planícies, sopés e montanhas baixas.

Os solos que formam rochas são sedimentos proluviais, aluviais, aluviais-deluviais com diferentes texturas e características mineralógicas e químicas. Por vezes, os sedimentos são salgados.

A vegetação é uma estepe seca. Uma grande parte do território é ocupada por pastagens de Inverno.

O factor antropogénico (influência da irrigação) desempenha hoje em dia um papel significativo no processo de formação do solo dos solos cinzentos dos prados cinzentos que são comparativamente antigos.

Os solos cinamónicos cinzentos dos prados caracterizam-se por uma fraca reacção alcalina ou alcalina, um baixo teor de húmus (no horizonte de húmus 2,5% C), mas um perfil profundamente humificado. Os carbonatos atingem até à superfície, mas diminuem com a profundidade. A saturação da base é elevada, com predomínio do cálcio. O solo tem um teor baixo a médio de argilas. Nas partes média e baixa há sinais de argilização.

Os processos básicos de formação do solo dos solos cinzentos dos prados são: formação de húmus, acumulação de húmus, carbonização, siallitização e gleyização.

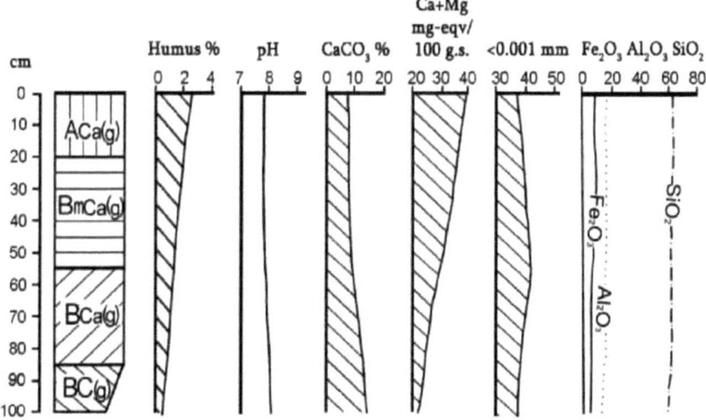

Fig. 14. Parâmetros básicos dos solos cinzentos cinzentos dos prados.

Os solos cinzentos dos prados cinzentos são formados sob as condições de tipos específicos de regime de água. As condições hidrológicas desempenham um papel especial na formação destes solos.

O tipo de formação do solo em prados é apoiado, antes de mais, pela influência das águas subterrâneas. Um papel significativo é também atribuído a factores antropogénicos.

Como resultado da irrigação, o excesso de água no subsolo move-se numa direcção lateral, formando assim água subterrânea, o que influencia o processo de formação do solo.

1.2.6. SOLOS CINAMÓNICOS (CRÓMICOS, CALCÁRIOS, HÚMICOS, EUTRICOS CAMBISOLARES)

Os solos cinamónicos são caracterizados por uma clara diferenciação de cores, um balanço hídrico negativo e um processo distinto de argilização. O perfil do solo tem geralmente os seguintes horizontes: A-B(Ca)-BC(BCCa)- CCa. As principais características de diagnóstico são um horizonte com formação de argila e carbonatos de cálcio ao longo do perfil.

Na Geórgia, a área total de solos cinamónicos é de 4,8% (311.600 ha). Estão distribuídos na Geórgia Oriental na estepe subtropical da floresta, principalmente entre 500m (700m) e 900m(1.3000m) a.s.l. .

Os solos cinamónicos são formados sob um clima subtropical seco com invernos quentes, quase sem neve e verões quentes e secos. A temperatura média anual varia entre 9,3- 12,5º C. A duração do período vegetativo é de cerca de sete meses. A soma da temperatura activa varia entre 2,800 e 3,800º C com uma precipitação média anual entre 300 e 800 mm.

A geologia consiste em argilas de areia paleogénica e formações vulcanogénicas, mas também conglomerados, arenitos e calcários. Também são encontradas rochas vulcânicas, tufos pórficos, tufa-breccias, fluxos de lava, calcários e arenitos pleistocénicos e oligocénicos e argilas.

Devido ao clima e às rochas-mãe ricas em cátions bivalentes, são desenvolvidas camadas de carbonatos.

No entanto, a paisagem é quase completamente de natureza antropogénica.

A vegetação é constituída por florestas secas com predominância de carvalhos. Além de *Quercus iberica* também *Fraxinus excelsior, Acer campestre, Pyrus caucasica, Carpinus caucasica, Carpinus orientalis, Ulmus foliacea, Acer laetum* estão presentes e entre os arbustos: *Crataegus orientalis, Mespilus germanica, Cornus australis, Piracants coecinea* e *Evonymus verrucosa*.

Os solos cinamónicos são caracterizados por uma formação relativamente antiga do solo.

Os solos cinamónicos caracterizam-se por uma cor castanha escura ou cinamónica do horizonte húmico, uma estrutura fina ou arenosa, uma reacção fracamente alcalina ou neutra, um conteúdo médio de húmus e uma humificação profunda, carbonização, argilização, considerável capacidade de troca catiónica, nenhuma variação no conteúdo químico total do solo e da fracção de lodo, um excedente de ferro silicato sobre não silicato e um excedente de montmorilonite e micas hidratadas na fracção argilosa.

Os processos básicos de formação de solos cinamónicos são: ferrallização, formação de húmus, acumulação de húmus, carbonização e siallitização.

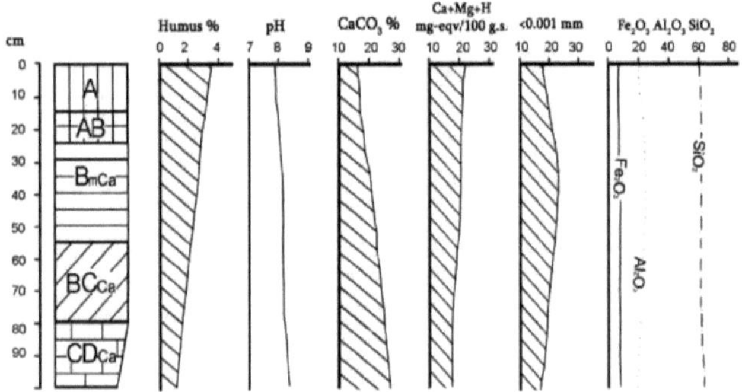

Fig. 15. Parâmetros básicos dos solos cinamónicos.

Os regimes de água e temperatura são determinados pelo peculiar ritmo bioclimático da região mediterrânica, com verões quentes e secos, primavera intensiva e vegetação de outono fracamente expressa (devido à precipitação) com períodos de inverno curtos e frios. Estas características determinam o processo de formação do solo em "duas fases".

1.2.13. SOLOS CINAMÓNICOS DE PRADOS (SOLOS CRÓMICOS, CALCÁRIOS, GLEYIC, CAMBISOLOS EUTRICOS)

Os solos cinamónicos de prados caracterizam-se por uma diferenciação fracamente expressa do perfil, que é mais profunda do que nos solos cinamónicos, em todo o perfil ou nas suas partes mais baixas, com sinais de gleyização, com horizontes carbonato-illuviais fracamente expressos. O perfil do solo tem os seguintes horizontes: A-AB-B-BC-C ou A11-A111-B1-B2-BC.

Na Geórgia, a área total do solo canelado dos prados é de 1,9% (130.400 ha). Formam-se nas depressões das áreas de solos cinamónicos, que são influenciados pelo aumento do solo, superfície e águas mistas.

Os solos cinamónicos dos prados são distribuídos na zona subtropical das estepes da Geórgia. O clima é moderadamente quente com temperaturas anuais entre 9,9 e 10,6º C; no mês mais frio, Janeiro, a temperatura desce para -16º C, no mais quente, Julho, a temperatura atinge 21,8º C. A duração do período de vegetação é de seis a sete meses. A soma da temperatura activa chega a 2.800-3.8000C. O conteúdo da precipitação varia entre 464-512mm com um coeficiente de humidade de 0,54-0,95.

Os solos que formam as rochas são sedimentos aluviais e deluviais-proluviais de textura pesada, por vezes até 100m de profundidade. A camada superior é argilosa, a vegetação natural são as florestas de carvalhos. Hoje em dia, grandes partes do território estão sob lavoura, jardinagem e vinhas. Este solo é normalmente irrigado.

Os solos cinamónicos dos prados são caracterizados por fracas reacções alcalinas ou alcalinas. O conteúdo de húmus no horizonte arável é baixo O perfil do solo caracteriza-se por uma humificação profunda. Apesar de os solos de prados cinamónicos terem um baixo ou médio teor de argila, são caracterizados por uma baixa soma de bases permutáveis.

Os processos básicos de formação do solo de solos cinamónicos de prados são: formação de húmus, formação de prados, siallitização e gleyização.

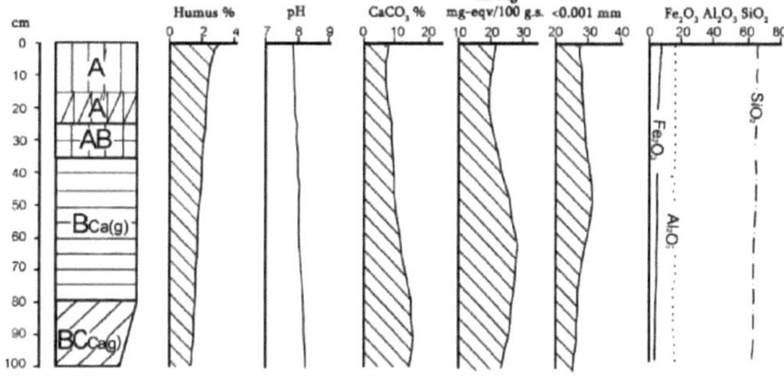

Fig 16. Parâmetros básicos dos solos cinamónicos dos prados.

A génese dos solos cinamónicos dos prados está ligada à evolução da cobertura vegetal e à influência antropogénica. O corte da vegetação da floresta aumentou o nível do lençol freático que, por sua vez, facilitou o processo de pradaria. As cores escuras do perfil, uma humificação profunda, uma neoformação fracamente expressa de carbonatos e a ausência de um horizonte illuvial carbonatado são típicas para o processo de pradaria.

1.2.14. SOLOS NEGROS (HAPLIC VERTISOLS)

Os solos negros (os chamados chernozems lisos) caracterizam-se por uma diferenciação claramente expressa, horizontes de húmus poderoso, alta compactação e textura argilosa. O perfil do solo tem geralmente os seguintes horizontes: A-B(Ca)-BC(BCCa)-CCa. Os principais caracteres de diagnóstico são a cor preta da resina na parte superior do perfil (geralmente com brilho brilhante), carbonização e argilização na parte do meio.

Na Geórgia, a área total de solos negros é de 3,9% (266.800 ha). Estes solos estão distribuídos na zona montanhosa entre montanhas, na Geórgia Oriental.

A zona de planície intermontanhosa da Geórgia Ocidental, onde os solos negros são distribuídos, foi formada como tipo de desnudação-acumulação ou tipo geomorfológico baseado em processos de acumulação. Na maior parte das depressões de Mtkvari, desde o Suramo até à depressão de Shiraki, também nas terras baixas de Alazani, áreas particularmente vastas são ocupadas por tipos de desnudação-acumulação. As formas de relevo da zona de planície montanhosa são comparativamente jovens, pertencem a períodos terciários e quartitários superiores. Aqui, os sedimentos deluvio-proluvionares foram amplamente distribuídos. Geralmente, as planícies deluviano-proluviais são típicas das zonas de montanha limítrofes e a sua formação baseia-se principalmente em fluxos temporários. Nas zonas de solos negros, os terraços de encosta e as peneplanícies das planícies de planície são satisfeitos. Hipsometricamente, os terraços de encosta ocorrem entre 650 e 750m a.s. l.. Este tipo de planícies foi formado por movimentos de massa no período quarterário. Grandes partes dos solos negros são também desenvolvidas nas planícies de planície de peneplanície. A área de planície peneplana de Kakheti exterior situa-se entre 700 e 1.000m a.s.l. Na área dos solos negros, os tipos de relevo acumulado estão amplamente desenvolvidos, que aparecem em duas formas: planícies ocas e planícies aluviais.

A geologia é baseada em sedimentos sormat e agchagil-apsheron. As rochas da série agchagil são argilas azuis, cinzento-azuladas e castanhas-acinzentadas, que geralmente contêm gipsita e são estratificadas como xistos. Na parte central da depressão Big Shiraki, o gesso branco-acinzentado e os sedimentos argilosos ricos em argila são distribuídos em camadas, que na periferia mudam para sedimentos de argila carbonatada, que contêm grandes cristais de gesso. Na zona de Small Shiraki, Shuamta, Zilchi encontramos principalmente conglomerados e sedimentos argilo-arenosos.

Os solos negros são desenvolvidos sob clima subtropical seco com invernos quentes, quase sem neve e verões quentes e secos. A temperatura do mês mais quente, Junho, é de 22-23,9° C. A soma da temperatura activa atinge 4.000° C. A duração do período de vegetação é de seis a sete meses. A precipitação anual flutua entre 400-600mm. Os solos negros são distribuídos na estepe subtropical seca.

Os solos negros são caracterizados por uma cor negra no horizonte húmus, um horizonte de illuviação carbonatada com o máximo de 60-120cm de profundidade, argilização, textura argilosa, composição química total homogénea do solo a granel e da fracção de lodo, esmectita, hidromicas e clorito, um teor moderado de húmus (tipo humate), reacção alcalina fraca, em alguns casos acumulação de sais solúveis e gesso, com sinais de compactação.

Os processos básicos de formação de solos negros são: formação de húmus, acumulação de húmus, salinização, carbonatação, siallitização e silatação.

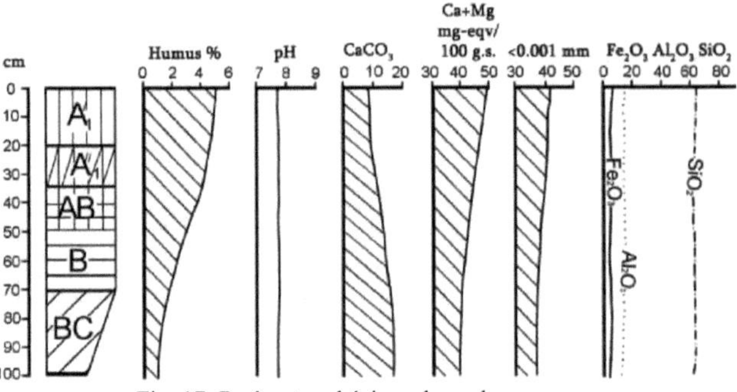

Fig. 17. Parâmetros básicos dos solos negros.

A formação dos solos negros está ligada à evolução das planícies aluviais, lagos e outras formas de depressão no final do período terciário, quando grandes áreas caíram secas e o nível das águas subterrâneas se tornou muito mais baixo. Como resultado, a vegetação das estepes florestais tornou-se dominante. No entanto, a formação dos solos negros na depressão dos lagos (Shiraki) foi bastante diferente. No início do período quaternário, como resultado do derretimento dos glaciares, as depressões foram inundadas e as áreas livres de água foram ocupadas por prados húmidos. Com isto, a vegetação das estepes florestais tornou-se dominante. Na região de Outward Kakheti em condições menos áridas desenvolveram-se solos negros, mas nas zonas mais áridas desenvolveram-se os solos cinzento-cinamónicos. As principais características dos solos negros (forte argilização, pouca humificação e elevada CEC) foram causadas pela influência de um clima subtropical. Os solos negros passaram por uma fase hidromórfica de desenvolvimento, durante a qual ocorreu a acumulação da matéria orgânica e os processos de envelhecimento. Mais tarde, o solo desenvolveu-se em condições autómorfas acompanhadas de uma alteração da humidade e das condições meteorológicas. O uso agrícola longo e intensivo provoca uma perda considerável de húmus nas partes superiores dos solos com pequenas alterações nas partes inferiores.

1.2.15. CHERNOZEMS (VORONIC, CALCIC CHERNOZEMS)

Chernozems (os chamados chernozems da montanha) caracterizam-se por um espesso horizonte de húmus. O perfil do solo tem geralmente os seguintes horizontes: A11-A111-AB-BC. Na Geórgia, a área total de chernozems é de 1,4% (99.200 ha). Estes solos estão distribuídos nas regiões montanhosas do sul entre 1.200-1.900m a.s.l.

A maioria dos chernozems da Geórgia do Sul foram desenvolvidos no planalto vulcânico, que é de natureza plana. A parte central desta região é ocupada por dois maciços montanhosos vulcânicos.

As faixas de chernozem são caracterizadas por um clima frio. A temperatura média anual é de 5,9° C. A duração do período de vegetação é de cinco meses e a precipitação é de 343-746mm. A vegetação é principalmente do tipo pradaria e envolve os seguintes grupos: *Andropogon, Stipa, Grain-mixtgerbosum, Carex.*

Os Chernozems são caracterizados por uma textura argilosa ou argilosa pesada. O conteúdo da fracção de limo na parte superior do perfil é distribuído uniformemente e decresce com a profundidade. O conteúdo de húmus é elevado e atinge em alguns casos 10%. Os Chernozems caracterizam-se por uma reacção fracamente ácida, neutra ou fracamente alcalina. Estão saturados de base. O cálcio é o catião permutável mais abundante.

Os Chernozems caracterizam-se pelos seguintes processos de formação do solo: formação de húmus, acumulação de húmus e siallitização.

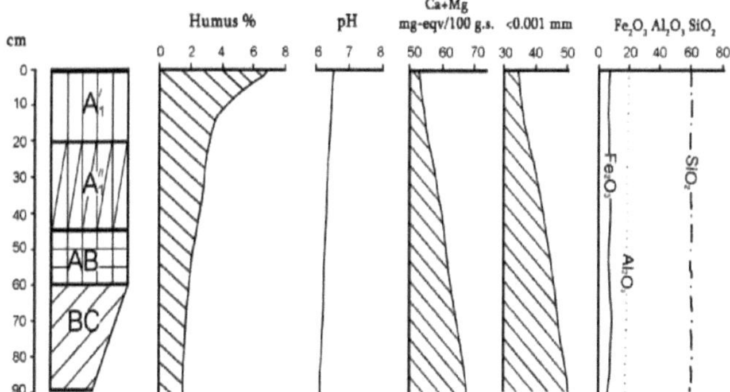

Fig. 18. Parâmetros básicos de chernozems.

Os chernozems de montanha pertencem a chernozems. São caracterizados pela presença de um horizonte vorónico. Todos os chernozems têm, por definição, um moliço A-horizon. O carácter específico do vorónico, em comparação com o molico, é expresso no maior conteúdo de Corg e uma cor mais escura e uma profundidade de mais de 35 cm.

O classificador cálcico significa a acumulação de carbonatos secundários desde a superfície do solo até uma profundidade de 100cm. O secundárioCaCO3 na parte inferior de chernozems encontra-se em formas difusas (como partícula fina), ou como pseudo micélio.

1.2.16. SOLOS DE PRADOS FLORESTAIS DE MONTANHA (HAPLIC UMBRISOLS)

Os solos dos prados florestais de montanha caracterizam-se por um perfil não diferenciado, humificação intensiva e profunda, profundidade pequena a média e lixiviação forte. O perfil do solo tem geralmente a seguinte estrutura: A0-At-B-BC ouA0-AB-BC ouA0-A-AB-CD. A área total de distribuição destes solos é de 492.000 ha, o que corresponde a 7,2% do território.

Os solos dos prados florestais de montanha estão amplamente distribuídos na zona subalpina das montanhas caucasianas e transcaucasianas do sul de 1.800 (2.000)m a 2.000 (2.200)m a.s.l..

Os solos dos prados das florestas de montanha fazem fronteira com os prados de montanha e os solos das florestas castanhas.

Os solos dos prados das florestas de montanha formam-se na zona subalpina com verões curtos e frescos e invernos rigorosos e longos. A temperatura média anual é de 3,2 a 4,1 C.ᵒ

O Inverno é frio com muita neve (190 dias). A precipitação média anual varia entre 605 e 1,675mm.

Na área da floresta subalpina domina um relevo erosivo-denudado de alta montanha com influência adicional de glaciação anterior. Algumas formas de relevo foram criadas pelo vulcanismo quaternário. As gargantas erosivas apresentam declives íngremes.

Entre as florestas de montanha da Geórgia, a floresta subalpina ocupa as posições mais altas até à fronteira da vegetação. Devido às condições ecológicas desfavoráveis, as florestas subalpinas apresentam espécies específicas com
estrutura e forma específica da vegetação (Makhatadze, Urushadze, 1972) caracterizada por troncos torcidos, floresta baixa e arbustos.

Envolve faias, maples, carvalhos, pinheiros, abetos e abetos prateados, também rododendro, azáleas e juníperos. A floresta subalpina é caracterizada por um crescimento limitado, e como regra baixa produtividade. Além disso, estas florestas protegem florestas altas e terras agrícolas, em posições mais baixas, bem como áreas povoadas contra torrentes de montanha, deslizamentos de terras, ventos e queda de neve e regulam o regime hídrico.

Devido à ampla distribuição dos processos de desnudação, os solos dos prados florestais de montanha são comparativamente jovens.

Os solos dos prados florestais de montanha são caracterizados por um perfil não diferenciado, horizontes de húmus castanho-escuro e cor castanha-ruiva, reacção ácida em todo o perfil, distribuição mais ou menos uniforme de diferentes óxidos, baixo grau de saturação da base, humificação elevada e profunda, e de minerais argilosos que indicam baixa meteorologia, ricos em formas móveis de ferro.

Os processos básicos de formação do solo dos prados florestais de montanha são: siallitização do húmus e formação do húmus.

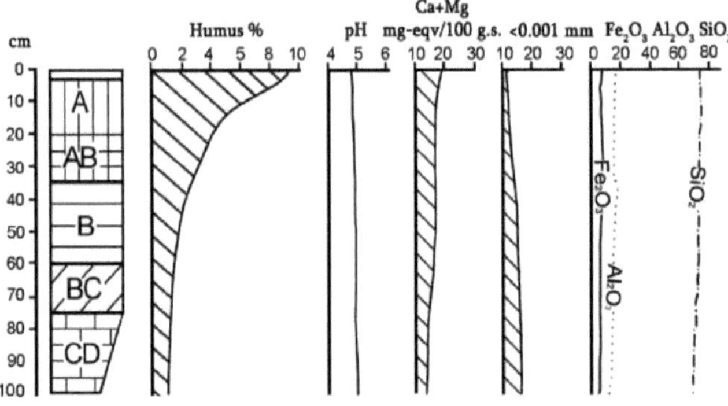

Fig. 19. Parâmetros básicos dos solos dos prados das florestas de montanha.

Os solos dos prados de montanha são formados em condições climáticas bastante extremas. Como resultado, o processo de formação do solo é lento. Os solos não estão bem desenvolvidos, esqueleto com minerais argilosos que se aproximam da rocha intemperizada. Neste caso, a influência da rocha nas propriedades do solo deve ser significativa, mas na realidade não o é, porque os solos são formados principalmente em materiais meteorológicos de rocha transportados. O aumento do conteúdo de fragmentos de rocha torna o processo podzólico menos expressivo. Geralmente os solos dos prados florestais de montanha são solos jovens.

1.2.17. SOLOS DE MONTANHA (UMBRISÓIS HIPERDISTRITAIS)

Os solos dos prados de montanha são caracterizados por perfis não diferenciados. O perfil do solo tem geralmente os seguintes horizontes: At-A-B-B-BC. Os principais sinais diagnósticos são um horizonte de húmus bem expresso sobre um pequeno horizonte meteorológico.

Na Geórgia, os solos dos prados das montanhas são absolutamente dominantes. A sua área total é de 1.758.200 ha, o que representa 25,1% do território.

Os solos dos prados de montanha estão amplamente distribuídos nas zonas subalpinas e alpinas do Cáucaso e das montanhas do sul da Transcaucásia, com 1.800 (2.000)m a 3.200 (3.500)m a.s.l. Os limites hipsométricos da sua distribuição mudam de acordo com a distância entre as montanhas e o mar, as condições físico-geográficas dos maciços montanhosos específicos e a influência agrícola do homem. No Grande Cáucaso, a amplitude da distribuição hypsometic deste solo é superior a 1.300m, e mais do que nas montanhas transcaucasianas do sul.

Os solos dos prados de montanha fazem fronteira com os solos brutos dos cinturões subalpinos e alpinos, os solos dos prados de montanha do tipo chernozem e os solos dos prados florestais de montanha do cinturão subalpino.

O território da faixa florestal superior (acima de 1.900-2.000m) pertence à zona de alta montanha, ou seja, áreas sem árvores e arbustos (excepto *Rodondron)*. Além disso, de 1.900m (2.000m) a 2.800m a.s.l., existe a zona subalpina de 2.800m a 3.200m a zona alpina, e mais acima a zona nival.

Os solos dos prados de montanha são formados em condições climáticas extremas, que se caracterizam por longos Invernos (com longa cobertura de neve) e Verões frescos. O período sem geadas dura 3-5 meses. O período de crescimento da vegetação é de 3-4 meses. A temperatura média de Janeiro flutua entre -12º C e -5,2º C. A precipitação média anual é de 718-1,503mm. Este clima frio das altas montanhas suporta um intenso envelhecimento das rochas, o que leva a uma acumulação de um grande número de fragmentos de rocha na superfície do solo.

O relevo das altas montanhas reflecte a influência das zonas verticais. Na zona da cordilheira superior predomina um relevo de erosão-denudação, no qual predominam formas de fenómenos de geada. A estrutura geológica das altas montanhas é bastante complexa. Na Geórgia Ocidental há xistos cristalinos, xistos de sílica cristalina e dioritos cristalinos e pedras argilosas, nas altas montanhas da Geórgia Oriental caracterizam-se por xistos de argila e arenitos. No Alto Cáucaso, podemos encontrar mais sedimentos. Na zona dos prados montanhosos do Cáucaso Meridional encontram-se andesitas, pórfiro, traquitos e também sienitos e rochas eruptivas introzonais.

A vegetação das altas montanhas é caracterizada por uma zonalidade acentuadamente expressa. A vegetação dos cinturões subalpinos é bastante pouco homogénea. Eles unem ambos os tipos de vegetação de prados e prados, incluindo as florestas subalpinas. A vegetação subalpina inclui condicionalmente prados secundários que são formados no tabuleiro superior da floresta como resultado de cortes de floresta.

Na faixa alpina predominam dois tipos de vegetação - tapete alpino, relva formando relvas com elementos de gramíneas mistas e vegetação herbácea. Como resultado, os processos de desnudação nos solos dos prados de montanha são comparativamente jovens.

Os solos dos prados de montanha caracterizam-se por uma profundidade média ou pequena, material relvado da superfície, textura argilosa ou argilosa, principalmente reacção ácida ou fracamente ácida, com humificação alta e profunda, com uma saturação de base baixa ou média, uma distribuição desigual das fracções minerais e óxidos totais, e mostram um tipo de desgaste sialítico. Na fracção argilosa predominam as hidromicas e clorites, o tipo de húmus fulvado e humate-fulvado, um conteúdo crescente de ferro silicato com profundidade. Os processos básicos de formação do solo dos prados florestais de montanha são: siallitização e formação de húmus.

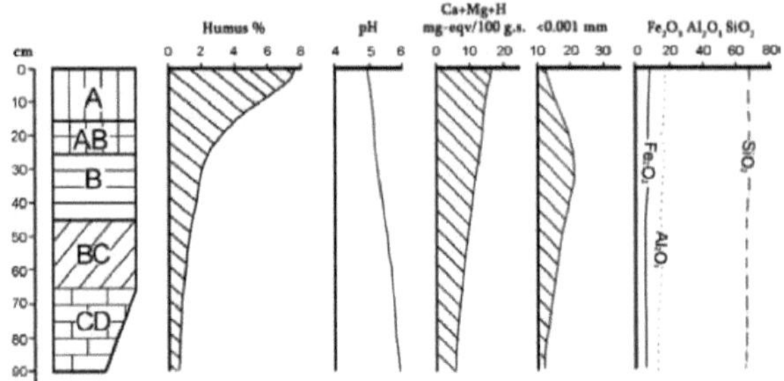

Fig. 20. Parâmetros básicos dos solos dos prados de montanha.

Os solos dos prados de montanha são formados principalmente pelos produtos meteorológicos das rochas compactas e ocupam todas as posições das partes superiores das montanhas e declives.

1.2.18. CHERNOZEMS DOS PRADOS DE MONTANHA (PHAEOZEMS)

Os chernozems dos prados de montanha são caracterizados por um perfil indiferenciado e um poderoso horizonte de húmus. O perfil do solo tem geralmente os seguintes horizontes: A11-A111-BC ou A11-A111-B-B-BC. Os seus principais sinais de diagnóstico são bem expressos por poderosos horizontes de húmus.

Na Geórgia, estes solos ocupam 109.600 ha, o que corresponde a 1,6% do território.

Os chernozems de montanha são distribuídos na Geórgia do Sul em zonas subalpinas e alpinas acima dos 1.800 (2.000)m de altitude.

Os chernozems de montanha são desenvolvidos em zonas de alta montanha sob prados de estepes alpinas e subalpinas ou estepes de prados. O relevo é caracterizado por um planalto vulcânico.

O clima é frio com verões curtos e frios e invernos longos e rigorosos. A temperatura média anual é de 3,2 0C. A duração do período de vegetação é de quatro meses. O período sem geadas faz de um a dois meses. A precipitação média anual é de 605 mm.

Na vegetação dos prados predominam Festuca e Carex.

Os chernozems dos prados de montanha caracterizam-se por reacção fracamente ácida, elevado teor de húmus e humificação profunda, tipo de húmus humatizado, alta saturação da base, fracamente dessaturados, textura de argila e argila, aumento do teor de fração de sedimentos, as hidromicas são predominantes como minerais argilosos.

Os processos elementares básicos de formação do solo dos chernozems dos prados de montanha são: siallitização do húmus, formação do húmus, formação e estruturação do relva.

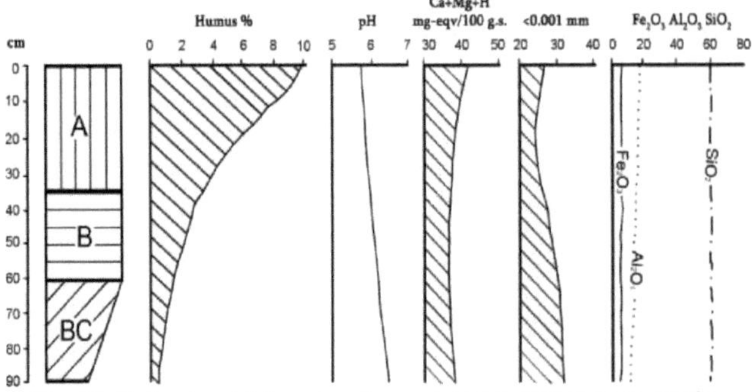

Fig. 21. Parâmetros básicos dos chernozems dos prados de montanha.

O chernozem dos prados de montanha é formado em rochas básicas, que definem principalmente a formação do húmus humato e o aumento do conteúdo da fracção II de ácidos húmicos que estão ligados ao cálcio.

Isto determina não só a cor escura do perfil, mas também a estrutura compacta do grão. O conteúdo petrográfico das rochas influencia não só a acumulação de húmus e algumas outras propriedades, mas também o tipo de cobertura vegetal. Todas estas características se assemelham a chernozems sem carbonatos livres.

1.2.16. ANDOSOLS (ANDOSOLS)

Os Andosols caracterizam-se por uma cor escura do horizonte superior, uma textura argilosa, uma construção friável e uma fina estrutura em forma de tarte ou caroço.

Os Andosols são caracterizados pelos seguintes horizontes: $A_1{}^{I}$ -$A_1{}^{II}$ -BC1-BC2 ou $A_1{}^{I}$ -$A_1{}^{II}$ -B1-B2-BC ou A-B- BC1-BC2 ou A-AB-B1-B2-BC ou $A_1{}^{I}$ -$A_1{}^{II}$ -C-CD. Caracterizam-se principalmente por uma cinamónica escura ou muito escura (10 YR 2,5/1,5; 10 YR 2,5/2)cor do horizonte húmus, grânulos bem expressos ou estrutura de grânulos, uma construção friável e uma textura argilosa.

Geralmente a área de andosols coincide com a área de rochas vulcânicas. Os solos que se formam sobre rochas vulcânicas devem ter propriedades andicas e/ou vítricas (Base Mundial de Referência para os Recursos de Solos,2006).

Na Geórgia, estes solos são distribuídos na montanha Javakheti, na cordilheira Adjara-Trialeti (nos arredores do desfiladeiro Goderdzi), e no desfiladeiro Borjomi e nos seus arredores.

Javakheti upland pertence à região vulcânica central, vasta e geomorfologicamente complexa. É construído principalmente de dolorite, basalto andesico e sedimentos aluviais lacustres. Na parte central do sistema de depósitos de Adjara- Trialeti (cordilheira), que faz fronteira com a região vulcânica norte da Geórgia, existem depósitos vulcânicos-sedimentares paleocénicos inferiores, o chamado Borjomi flysh, que envolve as formações de depósitos vulcânicos e vulcânicos-sedimentares da era neogénica e antropogénica. Os produtos vulcânicos do neogen-antropogene são andesitas, andesitas-basaltos, basaltos, doloritas, obsidianos. Cinzas vulcânicas e areias vulcânicas são também observadas.

O are of andosols é caracterizado por um clima continental moderadamente seco. O Inverno é frio, comparativamente seco, enquanto que o Verão é longo e fresco. A temperatura média anual flutua entre 3,9-7,8° C. A quantidade da precipitação anual atinge 533-698 mm

A cobertura vegetal é principalmente estepe de montanha e uma transição para vegetação de prados.

Os andossóis caracterizam-se por reacção ácida, textura argilosa e um teor de lodo>10%, elevado teor de húmus e humificação profunda, elevada saturação de bases; dentro das bases absorvidas predomina Ca sobre Mg.

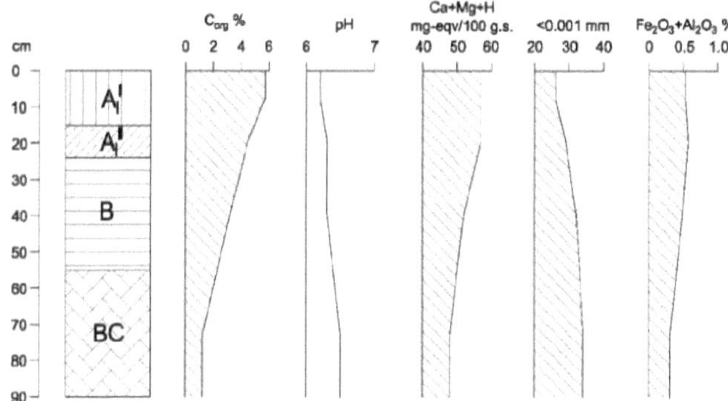

Fig. 22. Parâmetros básicos da Andosols.

Os processos elementares básicos de formação do solo de andosóis são: acumulação de húmus, formação de húmus, siallitização.

Os Andossóis são formados em zonas montanhosas dentro de uma vasta gama de condições térmicas, sob vegetação diferente (Duchaufour, 2004).

1.2.17. SOLOS SALINOS (SOLONCHAKS VERTICAIS, MOLLIC SOLONETZ)

Os solos salinos unem solonchaks e solonetz. Os solonchaks contêm sais solúveis até à superfície, solonetz apenas em diferentes profundidades dos horizontes baixos.

A área total dos solos salinos é de 1,6% (112.600 ha). Estes solos estão amplamente distribuídos nas planícies da Geórgia Oriental.

O clima é subtropical seco com verões quentes e invernos quentes, quase sem neve. A temperatura média anual é de 12,1-12,5º C. A duração do período de vegetação é de sete meses. A quantidade da precipitação anual é de 380- 600mm,

O relevo é caracterizado por depressões intermontanianas com planícies aluviais e jovens lagos naturais com acumulação de água. Os Solochaks são principalmente distribuídos em depressões, mas o Solonetz em elevações comparativamente antigas. De acordo com o desenvolvimento do relevo, o nível de formação da água subterrânea é elevado, o que influencia significativamente o solo.

A vegetação é principalmente *Artemisia* e *Andropogon.*

Os solos salinos estão divididos em dois grupos: 1) solonchaks e 2) solonetz. Os solonchaks caracterizam-se por um elevado teor de sais solúveis, mas os solonetz caracterizam-se por reacção absorvida de sódio e alcalina. Os Solonchaks são caracterizados por uma textura pesada, principalmente argilas. Nos catiões absorvidos predominam o cálcio, mas o sódio e o magnésio estão presentes em quantidade suficiente. O conteúdo de húmus é baixo e decresce acentuadamente com a profundidade. O Solonetz caracteriza-se também por uma textura pesada.

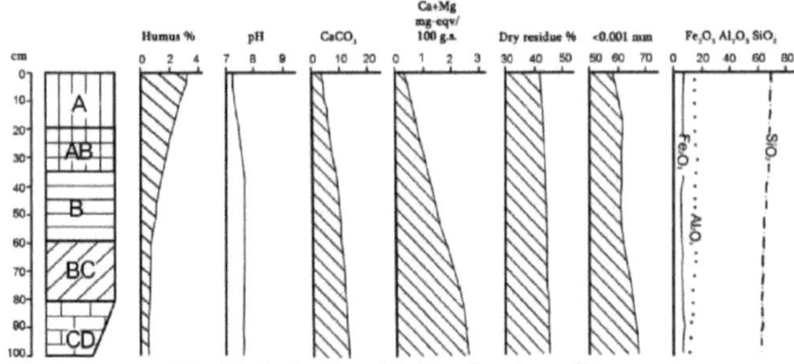

Fig. 23. Parâmetros básicos de solos salinos.

1.2.21. SOLOS ALUVIAIS (GLEYIC, EUTRIC, DISTRIC FLUVISOLS)

Os solos aluviais são caracterizados por inundações regulares e pela sedimentação de novas camadas aluviais. Este solo é caracterizado por vários regimes hidrológicos, construções e propriedades. As suas propriedades são principalmente determinadas pela natureza da bacia, onde estes solos são desenvolvidos. O perfil do solo tem geralmente a seguinte estrutura: A-BC-C-CD.

Na Geórgia, a área total do solo aluvial é de 351.400 ha (5,0%). Estes são formados em todo o território da Geórgia em diferentes zonas.

Os solos aluviais são formados em diferentes regiões naturais e em cada caso específico são caracterizados pelo clima desta zona. O material aluvial sobre o qual estes solos são desenvolvidos é também bastante diversificado. A vegetação natural é uma vegetação de inundação. Grandes áreas de solos aluviais estão sob diferentes cultivos agrícolas.

Os solos aluviais são caracterizados por reacções ácidas, neutras e alcalinas, dependendo da bacia em que se formam. O teor de húmus é médio ou baixo, o perfil do solo é profundamente humificado, o teor de azoto é elevado ou médio, mas a saturação da base é baixa ou média. A estrutura em camadas deste solo (primeiro de tudo de acordo com a textura) é um dos sinais de diagnóstico porque os óxidos principais são mais ou menos iguais na matriz do solo e na fracção argilosa.

Os processos básicos de formação de solos aluviais são a formação de húmus, a formação de prados e a gleyização.

Os solos aluviais diferem dos solos zonais por perfis mais fracos de desenvolvimento, estrutura em camadas, sinais de salelização.

Os solos saturados-primitivos aluviais em camadas aluviais caracterizam-se por solos fortemente estratificados, formando aluviões com fraca acumulação de húmus. No perfil do solo, são marcadas ou fracamente expressas formações de relva.

Os solos saturados aluviais são caracterizados por camadas bem expressas do solo formando aluviões. O horizonte Humus está bem expresso. O solo tem frequentemente carbonato com sinais de gleyização.

Os solos ordinários saturados aluviais caracterizam-se por uma camada fracamente expressa e um poderoso horizonte de húmus.

Os solos aluviais são formados como resultado de dois processos principais: a formação de solos zonais e as planícies aluviais. Longe dos leitos dos rios, os processos zonais são reforçados, mas perto deles, pelo contrário, são enfraquecidos.

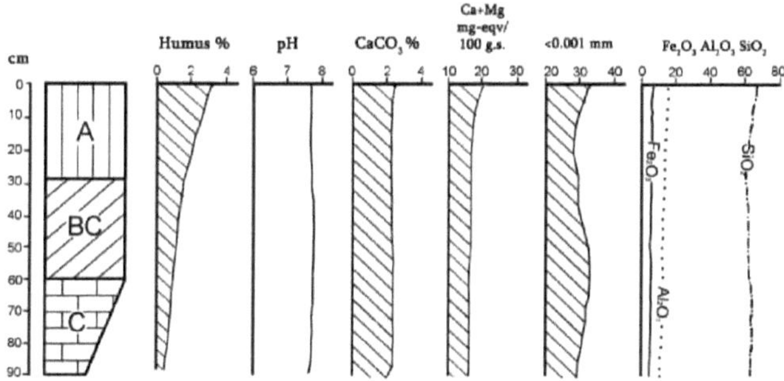

Fig. 24. Parâmetros básicos dos solos aluviais.

Fig. 25. Mapa do Solo da Geórgia

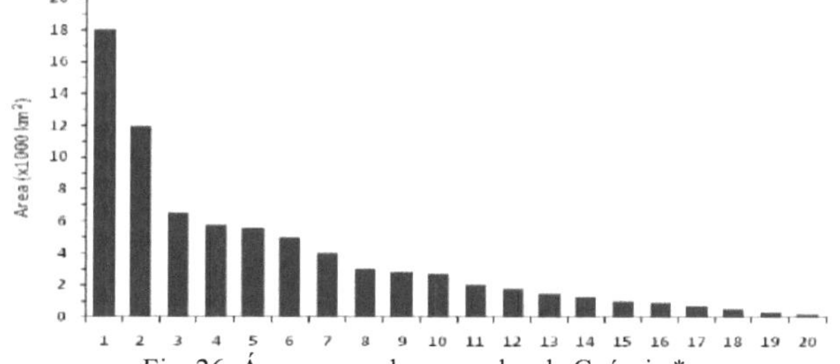

Fig. 26. Áreas ocupadas por solos da Geórgia.*

31

1 - Floresta Castanha (Humic, Ferric, Eutric, Dystric Cambisols,), 2 - Prado de Montanha (Hyperdystric Umbrisols), 3 - Cinamónico (Crómico, Calcaric, Humic, Eutric Cambisols), 4 - Aluvial (Gleyic, Eutric, Dystric Fluvisols), 5 - Carbonato Bruto (Rendzic Leptosols), 6 - Floresta Castanha Amarela (Stagnic, Mollic, Humic, Ferric Luvisols), 7 - Canela de Prado (Chromic, Calcaric, Gleyic, Eutric Cambisols), 8 - Amarela (Ferric Luvisols), 9 - Negra (Haplic Vertisols), 10 - Podzólica Amarela (Stagnic, Ferric Acrisols),
11 - Chernozems (Voronic, Calcik Chernozems), 12 - Vermelho (Ferralic, Haplic Nitisols), 13 - Bog (Dystric, Eutric Gleysols, Histosols), 14 - Cinamónica Cinzenta (Calcic, Vertic Kastanozems), 15 - Prado de Floresta de Montanha (Haplic Ubrisols), 16 - Chernozems de Montanha (Phaeozems), 17 - Gley Podzólico Amarelo (Stagnic, Ferric, Gleyic Acrisols), 18 - Meadow Grey Cinnamonic (Haplic, Gleyic, Vertic Kastanozems), 19 - Saline (Vertic Solonchaks, Mollic Solonetz), 20 - Brown Forest Black (Haplic Chernozems).
*As áreas de andosol ainda não estão definidas.

CAPÍTULO 2
FONTES DE POLUIÇÃO DO SOLO COM METAIS PESADOS

Os metais pesados, como um grupo especial de elementos, na química dos solos são excretados devido ao efeito tóxico exercido sobre as plantas na sua alta concentração. Não existe uma definição de metais pesados de valor único. No Dicionário Explicativo da Ciência dos Solos (1975) e na edição posterior do Dicionário sobre a ecologia geral e do solo, geografia e classificação dos solos (Bolshakov et al., 2004) não há artigos dedicados a este conceito ecológico mais importante.

A definição mais comum de metais pesados, como elementos com uma massa atómica superior a 50 (Orlov, 1985). Mas as listas de metais pesados variam. A quantidade de metais pesados não é normalmente especificada: escrevem vagamente "mais de 40 elementos químicos" (Orlov et al, 2002). Embora seja citada uma lista de 19 elementos: Cr, Mn, Fe, Co, Ni, Cu, Zn, Ga, Ge, Mo, Cd, Sn, Sb, Te, W, Hg, Tl, Pb, Bi (Orlov et al. 2002). Nesta lista de metais não há bário, latanidas, urânio, e há antimónio, que é um metalóide. Os cientistas do solo incluem geralmente nesta lista arsénico, que é também um metalóide (Sadovnikova, Zyryn, 1985; Il'in, Syso, 2001). É aconselhável juntar metais pesados a metalóides pesados (semimetálicos).

Consideramos o sistema periódico dos elementos de Mendeleev. Na química do solo, ainda é utilizado numa forma em que os elementos são divididos em 8 grupos (Orlov, 1985, Orlov et al., 2005). Neste esquema, é inconveniente separar graficamente os metais dos metalóides, uma vez que estes não formam um grupo compacto. Na versão moderna do sistema periódico, os elementos já estão divididos em 18 grupos (Greenwood, Ernsho, 2008). Em particular, o 17º grupo de halogéneos é isolado, e no 15º e 16º grupos, os elementos metalóides são adjacentes. Esta forma do sistema periódico é mais visível, é mais conveniente utilizá-lo para diferenciar graficamente os elementos pelas suas propriedades.

O grupo dos metais pesados e metalóides naturais incluirá todos os elementos, começando pelo vanádio, com número atómico (Z) igual a 23, ou seja, todos os elementos da tabela periódica até ao urânio, excluindo os halogéneos que formam o 17º grupo e os gases nobres que formam o 18º grupo e que não pertencem à classe dos metais pesados e metalóides, bem como os metais que não contêm isótopos estáveis.

Devido a provas aparentes, o termo "contaminação do solo" normalmente não é explicado. No Dicionário Explicativo sobre Ciência do Solo (1975) não há artigos chamados "contaminação do solo". No manual "Monitorização ambiental dos solos", a poluição do solo é definida como "degradação antropogénica do solo, onde o conteúdo de produtos químicos de origem antropogénica excede o nível de fundo regional" (Motuzova, Bezuglova, 2007).

Com a restrição do conceito de "contaminação do solo" com a participação de substâncias antropogénicas, grandes áreas de solos localizados no território de anomalias geoquímicas naturais positivas caem fora da atenção dos cientistas e ecologistas do solo, cuja utilização agrícola, em alguns casos, é perigosa para os animais e os seres humanos. Entretanto, o conceito de "contaminação do solo" no estrangeiro é considerado muito mais amplamente. Para designar um poluente, são utilizadas duas palavras: poluente e contaminante, e o significado do segundo termo é mais amplo. Com a sua participação, dois conceitos diferentes são denotados: "contaminante antropogénico" é um poluente antropogénico e "contaminante natural" é um contaminante natural (Brown et al., 1999). Consequentemente, distingue-se a poluição antropogénica e natural.

No futuro, iremos considerar tanto fontes de poluição antropogénicas (bem estudadas) como naturais (pouco estudadas).

2.1. POLUIÇÃO GLOBAL E REGIONAL DOS SOLOS

É necessário distinguir os tipos de contaminação do solo com metais pesados: global, regional e local (impactado).

A poluição global não é permanente, ela muda marcadamente com o tempo. A dinâmica da poluição global é estudada de diferentes formas. Para tal, são frequentemente utilizadas amostras de neve ou turfa, datadas com isótopos.

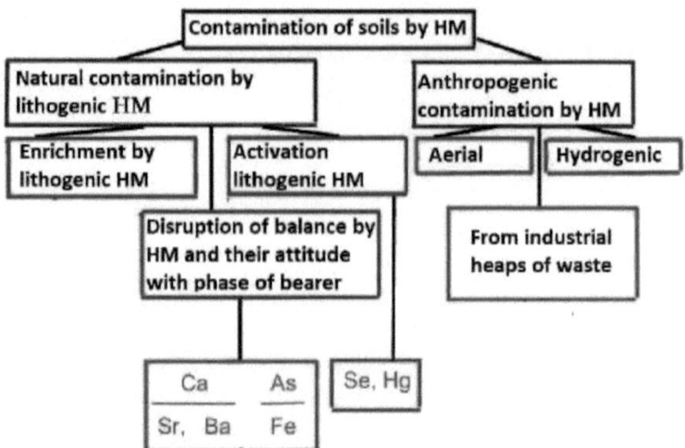

Fig. 27. Fontes naturais e antropogénicas de poluição do solo.

Após activa discussão pela comunidade científica sobre o problema de aumentar a escala da poluição ambiental com metais pesados em Estocolmo em 1972, a sessão da ONU desenvolveu os materiais finais que contribuíram para uma redução geral da contaminação da biosfera. Em 1991, a revista Nature publicou um artigo com o título distintivo "Redução da Pb, Cd e Zn antropogénica na neve da Gronelândia após os anos 60" (Boutron et al., 1991). Durante duas décadas, a julgar pela composição da neve da Gronelândia, o conteúdo de Pb na atmosfera e na troposfera do Hemisfério Norte diminuiu 7,5 vezes, e Cd e Zn - 2,5 vezes.

Estes resultados são consistentes com os dados da Associação de Produção Científica do Tufão sobre a paragem do crescimento de metais pesados em solos de 20 km de zonas em torno de cidades russas nos últimos 5 anos (Babkina et al., 2004). O declínio global da poluição é causado pelo encerramento de empresas com tecnologia ultrapassada e pela construção de instalações amigas do ambiente.

A poluição regional é analisada por alterações na composição dos sedimentos fluviais, lacustres ou marinhos, que são formados pela lavagem da chuva e águas derretidas de partículas finas do solo. Nos sedimentos dos rios, lagos e partes costeiras dos mares, é determinado o conteúdo de metais pesados. De acordo com a análise do conteúdo de metais nos sedimentos do Reno que correm através das regiões industriais da Europa Ocidental, a partir do final do século XVII. Em 1975, a concentração de crómio aumentou 9 vezes, cobre e chumbo - 13, zinco - 19, mercúrio - 50 e cádmio - 100 vezes (Dobrovolsky, 2003). Os resultados do endurecimento das leis ambientais nacionais não abrandaram. Já no início dos anos 80, os níveis elevados de metais nos sedimentos do fundo dos rios e lagos diminuíram significativamente.

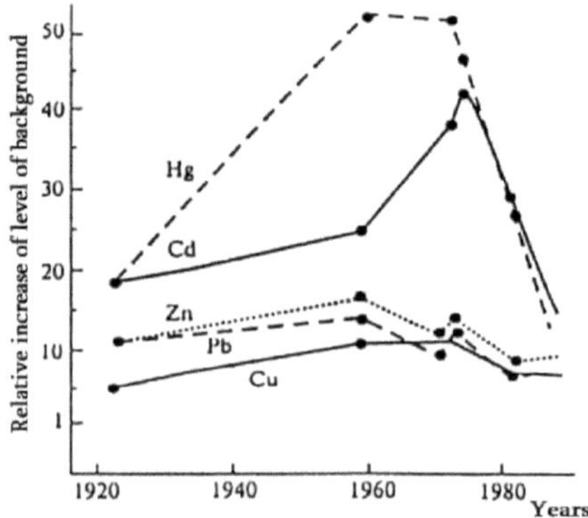

Fig. 28. A alteração do conteúdo de metais pesados nos sedimentos da planície de inundação das zonas baixas do Reno durante o século XX. (Dobrovolsky, 2003).

Foram realizados importantes estudos sobre a dinâmica da contaminação por metais pesados nos solos marítimos que rodeiam a baía de Chesapeake na costa atlântica dos Estados Unidos, Maryland (Griffin et al., 1989). As amostras de turfa foram retiradas de uma profundidade de 1 m. Inicialmente, a geocronologia foi determinada a partir do isótopo 210Pb em marcha, localizado a 5 km da fábrica de aço de Belém, que poluiu o território vizinho com metais pesados. A entrada de Zn e Pb tem vindo a crescer constantemente desde o início da década de 1920, atingindo um pico no final da década de 50 e início da década de 60. De 1930 a 1969 - os anos de produção máxima de aço, ao mesmo tempo que aumentava as emissões. Durante o período de 1970 a 1980, as emissões nesta fábrica diminuíram significativamente: Zn por 91, Cu por 86 e Pb por 93%. A redução das emissões de fábrica ao longo de 15 anos levou a uma diminuição significativa do conteúdo de metais em turfa. Nos sedimentos da marcha, isto reflectiu-se numa diminuição na acumulação de Zn, Pb e Cu em 66-70% (Griffin et al., 1989).

Um perigo particular é a contaminação local do solo, que em muitos casos forma uma anomalia geoquímica antropogénica.

2.2. FONTES ANTROPOGÉNICAS DE POLUIÇÃO DOS SOLOS

Listamos as principais fontes de contaminação do solo por elementos pesados perigosos: 1) precipitação aérea de fontes estacionárias e veículos; 2) poluição por hidrogénio resultante da introdução de águas residuais industriais em massas de água; 3) lamas de depuração; 4) lixeiras de cinzas, escórias, minérios, limalhas, etc.; 5) derrames de soluções de petróleo e sal em locais de produção de petróleo.

Com o tempo, graças aos esforços dos ambientalistas, alguns tipos de poluição perdem relevância, enquanto outros, pelo contrário, estão a tornar-se cada vez mais perigosos. Assim, antes, a principal atenção era dada à contaminação aérea dos solos, formando zonas de impacto. Mas nos últimos anos, nos países desenvolvidos, as emissões aéreas diminuíram drasticamente, e o interesse dos investigadores por este problema diminuiu (Vorobeichik, Kozlov, 2012). Mas outras poluições com metais pesados irão aumentar. Em primeiro lugar, isto refere-se à poluição por metais pesados que caem no solo juntamente com soluções de petróleo e sal derramados nos locais de produção de petróleo. Há uma poluição crescente dos solos com metais pesados a cair de lixeiras nas minas. Finalmente, os aterros de resíduos sólidos domésticos rodeiam todas as grandes cidades. Assim, perante os nossos olhos, as tendências de contaminação do solo com metais pesados estão a mudar as emissões aéreas. As fontes mais perigosas de poluição local por metais pesados são instalações industriais poderosas que não foram objecto de reconstrução. Na Europa, onde a revolução técnica começou mais cedo do que na Rússia, a contaminação do solo com metais pesados ocorreu mais cedo. Desde a segunda metade do século XIX, uma enorme quantidade de poluentes metálicos aterrou no solo da Europa Ocidental. Em 1996, a França tinha identificado várias centenas de sítios individuais fortemente contaminados com metais (Manceau et al., 2000). Na Europa, nas últimas décadas, muitas plantas com tecnologia obsoleta estão a ser modernizadas ou encerradas. Assim, em 1963, uma fábrica de fundição de zinco e chumbo, que funcionava desde 1906, foi liquidada em Morte de Nord (norte de França). Numa outra fábrica metalúrgica na mesma região, em 1970, foram instalados filtros que reduziram as emissões de poeira de várias toneladas para 300 kg por dia. Mas o solo durante muitos anos, que absorveu um grande número de poluentes, requer estudo e recuperação.

Na Rússia, entre as cidades mais poluídas encontram-se Monchegorsk, Revda, Belovo, Dalnegorsk e outras (Bolshakov et al., 1993). Às regiões com um estado sanitário desfavorável devido à poluição por metais pesados pertence a Península de Kola (Orlov et al., 2002). Aqui a contribuição para a poluição foi trazida pelas empresas de metalurgia ferrosa e não ferrosa, potência e fabrico de fertilizantes minerais.

A área das anomalias geoquímicas locais é de um e dezenas de quilómetros. Uma anomalia geoquímica tecnogénica, formada como resultado de descargas aéreas prolongadas da fábrica metalúrgica de Cherepovets (Vodyanitsky et al., 1995) é característica. Um grupo especial de anomalias é formado pelos solos da planície de inundação dos rios poluídos industrialmente (Vodyanitsky et al., 2004).

Uma poderosa anomalia de cobre-níquel surgiu perto de Norilsk sob a influência das emissões aéreas da fábrica de Norilsk Nickel (Vodyanitsky, Plekhanova et al., 2011). Uma zona sem vida (devido ao arsénico, cobre, bário e outros elementos perigosos) foi formada perto da cidade de Revda, onde opera a fundição de cobre

Sredneuralsky (Vodyanitsky, 2011).

Os solos contaminados aerialmente foram preservados na União Europeia, Estados Unidos, Canadá, Austrália. Nos últimos anos, a poluição do solo na China tem aumentado rapidamente. Perto de uma siderurgia na China, o conteúdo de cobre e chumbo nos solos aumentou 3,6 vezes, arsénico - 16 vezes (Pan, 1984).

Actualmente, a Rússia está a trabalhar na limpeza das emissões atmosféricas provenientes de fontes estacionárias. A tecnologia pirometalúrgica obsoleta é substituída, filtros modernos são instalados. Como consequência, nos últimos anos, as emissões aéreas têm diminuído drasticamente. Por exemplo, se em 1980 a fábrica de fundição de cobre Sredneuralsky deitou fora 205 mil toneladas, em 1989 - 141 mil toneladas, e em 2004 - apenas 25 mil toneladas (Kaygorodova, Smirnov, 2007). Durante 26 anos, as emissões atmosféricas da fábrica de baterias de Kursk diminuíram tanto que a quantidade de níquel fabricado pelo homem diminuiu 23 vezes, o cádmio - 180 vezes). Devido à reconstrução, as emissões aéreas da Combinação de Severoníquel diminuíram (Opekunova, Elsukova, 2007). Assim, com excepção de alguns objectos, ainda poluindo o solo pelo ar, as áreas em redor de muitas plantas foram contaminadas nos últimos anos. Isto aplica-se à Rússia e, em maior grau, aos países da UE, EUA, Canadá. Mas nos países industriais asiáticos, as emissões aéreas continuam elevadas: isto refere-se ao Cazaquistão (Akhanov, Tomina, 2004, Panin et al., 2007) e à China (Wang et al., 2001). No Cazaquistão oriental, na zona de influência dos centros industriais Ust-Kamenogorsk e Irtysh em cenouras, beringelas, beterrabas, batatas, o conteúdo de Cd, Cu, Zn excede em 5-10 vezes o MAC (Panin et al., 2007).

Poluição por Hidrogénio. O combate a esta poluição é mais difícil e mais caro. Assim, em 2007, 95% dos poluentes aéreos foram retidos em filtros na Região de Irkutsk, e mais de mil milhões de m3 de águas residuais foram descarregados em águas superficiais, dos quais 78% não são completamente purificados (Relatório de Estado ..., 2008). Entre os poluentes hidrogenados, prevaleceram os compostos perigosos de cobre e mercúrio. Esta proporção no grau de limpeza do ar e dos resíduos de água é típica de outras regiões da Rússia, embora nos últimos anos o custo do tratamento de águas residuais em duas exceda o custo da purificação do ar (Shoba et al., 2010). Ao contrário da poluição aérea, a poluição hidrogenada dos solos e sedimentos é moderna e a mais activa. Em muitos aspectos, diz respeito a solos de finalidade agrícola.

Vários estudos estabeleceram que a poluição por hidrogénio de solos aluviais com esgotos não tratados pode ser muito intensa (Varava, 2010; Vodyanitsky, Vasiliev et al., 2010). A precipitação e os solos aluviais tornam-se uma fonte de poluição prolongada da água, mesmo após a descarga de águas residuais não tratadas no rio ter cessado.

As águas residuais não limpas utilizadas para irrigação em países áridos poluem fortemente o solo (Al-Nakshabandi et al., 1997). Esta poluição adquiriu grandes dimensões durante a industrialização da China. Os metais pesados (especialmente Cd e Hg) poluíram os solos em muitas províncias do leste do país (Xu et al., 1988). Mais de 10 mil hectares de terra arável estão poluídos com cádmio, nos quais são cultivadas até 50 mil toneladas de arroz. Durante os 20 anos de 1960 a 1980, em terras contaminadas com Hg (mais de 32 mil hectares), foram produzidas anualmente 195 mil toneladas de arroz contaminado (Wang, Li, 1999). Além disso, devido a uma diminuição dos rendimentos nestas áreas, perdem-se anualmente mais de 12 milhões de toneladas de grãos.

Na China, a qualidade dos solos deteriorou-se devido à irrigação descontrolada da água das minas de esgotos (Wang, Li, 1999). No solo arável, irrigado por essa água, o conteúdo de uma série de metais pesados perigosos aumentou. A quantidade de Cu aumentou de 31 para 133 mg / kg, de Cd de 0,37 para 12,1 mg / kg (Wang et al., 2001; Wang, Li, 1999). Especialmente a situação difícil foi perto de Shenyang, onde 2.500 hectares de terra arável são irrigados com águas residuais. Devido a isto, o conteúdo de Cd no solo aumentou de 0,2 para 1,0-4,1 mg / kg, Hg de 0,05 para 1,4-1,7 mg / kg (Wang et al., 2001). Nestes locais, as pessoas consomem 558 mg de Cd diariamente, em comparação com 17,6 mg de Cd noutras regiões limpas do país (Wang et al., 2001). O teor de cádmio na carne de porco, devido ao seu consumo de alimentos contaminados, é superior ao controlo em 8-460 vezes (Zhou, 1987).

Este problema é também urgente para os solos aluviais agrícolas na parte europeia da Rússia (Mazhaysky et al., 2008). A descarga de águas residuais industriais e municipais tratadas de forma incompleta, o fluxo de drenagem das terras agrícolas levou à poluição dos rios, dos corpos de água e dos solos irrigados. O aumento do teor de níquel e arsénico no horizonte do arado dos campos irrigados na região de Saratov é explicado pela água suja perto de cidades com indústria desenvolvida (Pronko et al., 2007). A poluição da água afecta a composição dos sedimentos dos rios. Lodo muito poluído no fundo do rio. Pakhra é inferior a Podolsk, um grande centro industrial da região de Moscovo: o teor de lodo de Hg e Cd atinge 3,7-3,9 mg / kg (Akhtyamova, Yanin, 2006). Contaminação afectada e rios muito grandes. A água do Ob espalha a poluição para vastas áreas com solos de planície de inundação (Nechaeva, 2007).

Devido à entrada de águas residuais industriais em pequenos rios que atravessam a cidade de Perm, os solos aluviais estão fortemente poluídos. O conteúdo de crómio no solo da planície de inundação do rio. Egoshikha é de 400-500 mg / kg, e na planície aluvial do rio. Danilich é de 600-1400 mg / kg. Enquanto no solo da planície de inundação um rio mais limpo. Yves contém ~ 200 mg Cr / kg, e em solos sod-podzólicos a 30 km a noroeste de Perm em média apenas 80 mg Cr / kg (Vodyanitsky, Vasiliev, Vlasov, 2008).

Acumulação particularmente significativa de metais pesados / metalóides em Fe-Mn ortshteynah e Fe-roorenstein. Nos Rorensteins o teor de níquel atinge 440 mg / kg, cobre 230 mg / kg, crómio 600 mg / kg, arsénio 43 mg / kg; e no ortstein de bário contém 2800 mg / kg (Vodyanitsky, Vasiliev, Vlasov, 2008). Estas concreções não podem ser consideradas como depositárias fiáveis de poluentes - quando o regime redox muda, elas dissolvem-se. Os solos aluviais hidrogenados estão localmente contaminados com elementos pesados, mas a própria poluição pode atingir um nível elevado.

Como resultado da poderosa contaminação por hidrogénio dos solos com águas de drenagem ácidas das minas do r. Ore no sul do Extremo Oriente, formou-se uma quimose com uma nova morfologia, contaminada com sulfetos Pb, Zn, Cd, Cu, Fe, numa grande área. Os cientistas do solo acreditam que a quimose pode persistir durante dezenas e centenas de anos (Arzhanova et al., 2004).

Lodo de esgoto. Uma enorme quantidade de matéria orgânica reciclada entra no sistema de esgotos da cidade, que recolhe a água de esgotos nas estações de tratamento de esgotos. O volume destes resíduos urbanos aumenta com o desenvolvimento da urbanização, o seu armazenamento e armazenamento é um novo problema. O mais promissor é a utilização de lamas de depuração para fertilização de solos agrícolas e florestais, como fonte de matéria orgânica, azoto e fósforo. Na Rússia, portanto, 4-6% da precipitação é utilizada, enquanto na UE e nos EUA uma média de 40% (Kozlov et al., 2008, Chemeris, Kusakina, 2007). Anualmente, nas estações de Moscovo são formadas 120 mil toneladas de lamas de depuração. É fermentado em condições termófilas (53°C) e uma massa organo-mineral desidratada a 70% de humidade contendo até 69% de matéria orgânica, 3-6% N e 1-3% P (Kozlov et al., 2008). Devido à contaminação com metais pesados, os sedimentos são compostados com solo e utilizados em doses que não permitem o excesso de MPCs em metais em solos fertilizados. Estes solos podem ser utilizados para cobrir os aterros de resíduos sólidos domésticos, terras residuais artificiais, em viveiros para árvores em crescimento (Kuraev et al., 2008; Shchegolkova, Vanyushina, 2010).

Ao introduzir lamas de depuração no solo, é necessário um controlo ecológico, incluindo o conteúdo de metais pesados perigosos, cuja composição é individual e depende da percentagem de efluentes industriais. Assim, em Moscovo, o teor de metais pesados é muito mais baixo nas lamas de depuração da região Sul de Butovo do que na região de Kuryanovo, onde a percentagem de águas residuais industriais é elevada (Pakhnenko et al., 2010). As pequenas cidades com indústria não desenvolvida acumulam lamas de depuração com baixo teor de metais pesados, são introduzidas no solo sem tratamento adicional (Kaverina, 2007).

Alto teor de crómio nas lamas de esgoto de algumas cidades. Em Novosibirsk, é o cromo que limita a dose de lodo ao solo, seguido do cobre, cádmio (Cheremis, Kusakina, 2007). Nos centros industriais da Rússia, os solos estão mais poluídos nas zonas industriais onde se localizam as lixeiras, incluindo as lamas de depuração. Em Nizhny Novgorod, o teor de cádmio nas lamas de esgotos atinge 1,3 mg / kg contra um fundo de 0,33 mg / kg, cobre - 120-310 mg / kg contra um fundo de 4 mg / kg (Dabakhov, 2007).

Com a introdução descontrolada e duradoura de lamas de depuração num dos subúrbios da China, o teor de cobre nos solos aumentou 3-4, de crómio, níquel, arsénio 2, cádmio 10 e mercúrio 125 vezes (Wang, Li, 1999) .

Da mesma forma, 1.200 hectares estão contaminados perto de Paris, a acumulação de precipitação continuou durante todo o século XX. (Kirpichtchikova et al., 2006). Como resultado, o solo até à sola do arado é saturado com metais pesados. Em primeiro lugar, o zinco (150-3100 mg / kg), chumbo (80-670 mg / kg) e cobre (50390 mg / kg). No final dos anos 90, devido ao teor inaceitavelmente elevado de metais nos produtos vegetais, as autoridades proibiram a sua venda.

As lixeiras de cinzas, escórias, minérios e limalhas contribuem para a poluição dos solos e das águas subterrâneas do solo. O conteúdo de metais pesados / metalóides nas lixeiras pode ser muito elevado. Assim, o crómio entra no solo e na água das lixeiras de minério, escória de ferrocromo e sucata metálica. Nos sedimentos das estações de tratamento de águas residuais, o teor de crómio pode atingir 150.000 mg / kg (Perelman, Kasimov, 1999), e Ni até 6000 mg / kg, Cu até 11000 mg / kg e Cd até 1600 mg / kg (Altukhova, 2010). Os solos perto de tais lixeiras estão muito sujos.

Níquel, cobre, mercúrio, arsénio, vanádio, selénio, crómio caem no solo a partir das lixeiras de cinzas (Ivanov, 1994-1997).

Elevado teor de metais pesados nas escórias metalúrgicas. O teor de cobre na escória das antigas lixeiras da fundição de cobre Sredneuralsky em Revda atinge 3000-10000 mg / kg (Ivanov, 1994-1997). No passado, as escórias eram enchidas com lugares baixos em pequenas cidades, formando assim parques tecnológicos. Nos tecnozems de Chusovoy estão contidos 1000 mg de W / kg e 2000 mg de Cr / kg (Vodyanitsky, Vasiliev et al., 2010). Em Moscovo, o teor de crómio atinge 570, níquel - 70, arsénico - 18, cádmio - 20 mg / kg (Ladonin, Kebadze, 2007).

Um problema muito grave surgiu devido à entrada de Cr, Cu e Ni dos depósitos de cinzas de CHP e limalhas metalúrgicas no reservatório de água potável em Izhevsk (Sturman, Gabdullin, 2006). Na parte dos sedimentos do fundo, a concentração destes metais é dez vezes maior do que o fundo.

O mercúrio está presente nos locais de eliminação de resíduos das minas de ouro e mercúrio, indústrias metalúrgicas e químicas (Gray at al., 2000; Kim at al., 2000; Munthe at al., 2001; Rytuba, 2000; Sladek at al., 2003). A principal fonte de arsénico produzido pelo homem são as lixeiras de minas de estanho e outros metais não ferrosos, especialmente ouro, que contêm até 900 mg As / kg (Ivanov, 1994-1997, Paktung at al., 2003). Nas lixeiras das minas de urânio, o arsénico está sob a forma de uma pirita instável em condições oxidantes (arsénico). As lixeiras de rejeitos de fábricas para o enriquecimento de minérios com ouro são de grande perigo (Artamonova, 2004). O teor de tálio nelas atinge 1,1-1,5, antimónio - 15-17, arsénico - 55-96 mg / kg. A cianetação utilizada nas plantas de concentração promove a alta mobilidade destes poluentes perigosos e a sua propagação a uma distância considerável.

Desenvolveu-se uma situação ecológica aguda no Altai, onde se concentram ricos depósitos polimetálicos. A extracção de minério aqui desde o século XVIII. Nas escavações e montes abandonados acumulou-se uma enorme quantidade de metais pesados. Durante os anos de exploração da Central Mineira e de Processamento de Altai Ore, perto de Gornyak, formaram-se duas grandes lixeiras de rejeitos com uma área total de 1 km2 e um volume de 11 milhões de m3. Uma delas é a lixeira de rejeitos da fábrica de enriquecimento de ouro de Zmeinogorsk no terraço por cima da planície de inundação do rio. Corbolich - na água alta é lavada, e os resíduos entram no reservatório. Entretanto, estes resíduos são muito perigosos: ao pé da pilha, o conteúdo de Hg atinge 1,7 mg / kg (com um fundo de 0,05 mg / kg), Cd - 8,9 mg / kg (contra 0,2 mg / kg), Cu - 400 mg / kg (com um fundo de 26 mg / kg) (Baboshkina et al., 2004). As lixeiras de minérios de qualidade inferior estão localizadas no local do depósito de mercúrio Aktash no Altai. Perto dos montes de solo contêm uma média de 65 mg Hg / kg (contra um fundo de 0,42 mg Hg / kg) e 152 mg Cr / kg (contra 36 mg Cr / kg). Nos sedimentos do fundo, o teor de fundo de mercúrio é excedido em 10 mil vezes (Arkhipov et al., 2004).

2.3. FONTES NATURAIS DE POLUIÇÃO DOS SOLOS

A poluição natural é a contaminação dos solos com metais pesados litogénicos e metalóides. São possíveis três variantes de poluição. Em primeiro lugar, o enriquecimento directo do solo com elementos pesados. Por exemplo, os solos no Altai são enriquecidos com arsénico; o seu conteúdo atinge 100-150 mg / kg em chernozem local (Matveev, Avdonkin, 2007).

Em segundo lugar, para as plantas e animais, o perigo é uma violação do equilíbrio entre os elementos químicos. Por exemplo, em Transbaikalia, num território enriquecido com estrôncio e bário e com deficiência de cálcio, a doença de nível é comum. Outro exemplo são os países do Sul da Ásia, onde tem havido uma situação catastrófica com contaminação natural por arsénico da água potável. A uma taxa de 10 pg / L, o As conteúdo em água excede 200 pg / L no Bangladesh, Bengala Oriental (Índia), Vietname, Mongólia (Anawar et al., 2002; Mandal, Suzuki, 2002; Smedley, Kinninburg, 2002; Smedley et al ., 2003).

No Bangladesh, até 30-35 milhões de pessoas consomem água contaminada com arsénico. A principal razão é que nos sedimentos saturados de água, forma-se um meio redutor devido à presença de pirita, e óxidos de ferro (hidra), como principal fase portadora de As, são reduzidos (Pedersen et al., 2006; Nickson et al., 2000; McArthur et al., 2001; Tareq et al., 2003). Como resultado, os solos e as rochas não cumprem o seu papel de tampão. Este é um exemplo de violação da relação As / Fe óptima.

Em terceiro lugar, os elementos pesados litogénicos podem ser activados nos solos. Tal situação desenvolveu-se nos solos da parte ocidental dos Estados Unidos, onde Se contém até 700 mg / kg nos depósitos de Se-fósforitos e xistos associados que transportam carvão (Ivanov, 1996). Para os solos dos Estados Unidos, o selénio clarke é estimado em 0,39 mg / kg (Kabata-Pendias, 2011). Quando estes solos agrícolas sobre os xistos são irrigados, o selénio litogénico torna-se móvel e é transportado com água de drenagem para reservatórios onde se concentra em animais e plantas amantes da humidade, atingindo um nível de 3000 mg / kg. A perda de gado na zona de depósito de fosfato ocidental nos estados de Idaho, Utah e Wyoming, EUA está associada a um elevado nível de Se na água e nas plantas (Ryser et al., 2006). Este problema situa-se nos nove estados ocidentais dos Estados Unidos, numa área de 1,5 milhões de acres (Brown et al., 1999).

Estes exemplos mostram uma situação aguda com contaminação natural do solo por metais pesados perigosos Sr e Ba e Metalloids As and Se. Obviamente, para ignorar as anomalias geoquímicas naturais positivas, que são perigosas para os seres humanos e animais, os cientistas do solo não têm o direito de o fazer. Isto requer a propagação do conceito de "poluição" às fontes naturais.

CAPÍTULO 3

METAIS PESADOS E METALÓIDES NOS SOLOS

3.1. COMPOSTOS CROMADOS

A estrutura electrónica do átomo Cr é semelhante à do Fe e especialmente ao Mn. O crómio ocupa uma posição intermédia entre os ácidos mole e duro, juntamente com os restantes metais 3d e Cd. Isto caracteriza o crómio como um elemento tóxico (Ivanov, 1996).

O crómio claro na crosta terrestre é relativamente elevado - 122 mg / kg. O número de minerais (54) é baixo, mas de acordo com a frequência de ocorrência e o número dos seus principais minerais - espinéis de cromo - o crómio não é inferior a outros metais negros comuns. O maior número dos seus minerais pertence à classe dos óxidos, entre os quais 15 cromites. Além dos principais componentes, os cromitos incluem até 12% Ti, até 0,8% Mn, até 1,2% V, até 0,6% Co (Ivanov, 1996).

O teor de crómio diminui de rochas ultra-básicas para rochas básicas e ainda mais para rochas ácidas e alcalinas. Nos hiperbasitos, a concentração de crómio atinge 4400-6500 mg / kg. Os granitoides de crómio são empobrecidos. Na formação do solo, o cromite e outros minerais contendo crómio são resistentes às intempéries, determina-se a presença de Cr no material residual.

O crómio Clarke nos solos do mundo segundo Vinogradov é de 200 mg / kg (Dobrovolsky, 2003). Mais tarde, em 1966, foi reduzido para 100 mg Cr/kg (Bowen, 1966), e em 1979 para 70 mg Cr/kg (Bowen, 1979). Alguns Clarks regionais são muito diferentes do global (mesmo moderno). Clark para solo americano é apenas 40 mg / kg (Dobrovolsky, 2003), e na Dinamarca o conteúdo médio de Cr é reduzido para 12 mg / kg (Butovskii, 2005). Isto indica a importância de estudar o fundo local para o crómio. O teor de crómio depende da composição das rochas formadoras do solo. Nos solos sobre granitoides é baixo 10 mg / kg, nos gabbroids aumenta para 100 mg / kg, e nos ultrabasites - até 300 mg / kg (Ivanov, 1996). Nos solos, o teor de crómio varia entre 0,05 e 10.000 mg / kg (Vodyanitskii, 2016, Chen, Li, 2018).

O crómio é amplamente utilizado nas indústrias metalúrgica e química devido à sua resistência à corrosão e elevada dureza. De acordo com o presente relatório, 78% do crómio usado entra no ambiente mais cedo ou mais tarde (Johnson et al., 2006). Este valor varia pouco nos diferentes países. As principais regiões produtoras são África, onde 2.400x103 t Cr / ano são extraídas e os países da CEI - 1090x103 t Cr / ano. Os principais consumidores de crómio são os países da Ásia, Europa e América do Norte: 1150; 1140 e 751 x 103 t Cr / ano, respectivamente. A maior libertação anual de resíduos contendo crómio na Europa é 420x103, na Ásia - 370x103 e na América do Norte - 290x103 t Cr / ano, embora a composição dos resíduos varie muito dependendo da região. O fornecimento global de crómio ao ambiente é estimado ~ 2630x103 t. Cr / ano. O crómio entra no solo e na água proveniente de lixeiras de minério, escórias de ferro-cromo, sucatas metálicas, do pó de empresas de metalurgia ferrosa e não ferrosa e produtos contendo crómio descartados. No caso de tratamento incompleto de efluentes industriais, o elemento entra nos corpos de água e no solo na área das instalações consumidoras de crómio.

O teor de crómio nas lamas de depuração é elevado em algumas cidades. Assim, nas lamas de esgoto de São Petersburgo e Novosibirsk, a quantidade de Cr atinge 2500-3000 mg/kg (Borischkina, Vodyanitskii, 2007). A eliminação destes depósitos através da sua introdução no solo é extremamente indesejável. Em sedimentos de estações de tratamento de águas residuais de plantas galvânicas, o teor de crómio pode atingir 150.000 mg / kg (Perelman, Kasimov, 1999); de facto, é minério de crómio. O teor admissível de crómio nas lamas de depuração na União Europeia é de 750 mg / kg, nos EUA - 1000 mg / kg.

É interessante que a concentração de crómio bruto nos solos aumenta de povoamentos rurais (50-58 mg / kg) para cidades industriais com uma grande população (90-100 mg / kg).

Foram efectuados estudos detalhados do teor de crómio nos solos de Perm e nos seus arredores. Nos rios que correm pela cidade, a água de esgotos provém da fábrica, em resultado da qual os solos aluviais estão fortemente poluídos. As águas dos rios Egoshikha e Danilikha estão especialmente poluídas. O teor de crómio no solo aluvial na planície de inundação do rio Egoshikha varia de 400 a 500 mg / kg, e na planície de inundação do rio. Na planície de inundação do rio Danilih - atinge 600-1400 mg / kg. O solo da planície de inundação do rio Iva é mais limpo - conteúdo de Cr 200 mg / kg. Um conteúdo ainda menor foi obtido em solos sod-podzólicos 30 km a noroeste de Perm, onde o conteúdo de Cr do solo varia de 50 a 100 mg / kg, com uma média de 80 mg / kg (Vodyanitskii, Vasiliev, Vlasov, 2008). É óbvio que a contaminação dos solos com crómio pelo hidrogénio é muito local, mas pode atingir concentrações muito elevadas.

Acredita-se que o crómio estimula o crescimento das plantas agrícolas, mas o seu excesso causa-lhes várias doenças. O crómio, ingerido com alimentos para o corpo humano, causa muitas doenças graves. A ampla difusão do Cr no ambiente afecta negativamente a saúde humana e animal. Nos EUA, o crómio é o terceiro mais poluente em termos de prevalência nos locais de eliminação de resíduos e o segundo, depois do Pb, entre os compostos inorgânicos (Hansel et al., 2003).

A adsorção de cromatos foi activamente estudada nos anos 70-80 do século XX (Zachara et al., 1987; 1989; Davis, Leckie, 1980; Ainsworth et al., 1989). Foi analisado o papel dos colóides do solo, incluindo óxidos (hidra) de ferro e alumínio, caulinite, montmorilonite. A adsorção de cromato aumenta com uma diminuição do pH em resultado da protonação dos hidróxidos de superfície e do próprio cromato CrO_4^{2-}. Os colóides fixam o cromato através da coordenação da esfera exterior na superfície das partículas.

Simultaneamente, foi estabelecido que os colóides que ligam o CrO_4^{2-} não são específicos do cromato, e a presença de outros ânions (sulfato ou matéria orgânica dissolvida) leva a uma diminuição da adsorção do cromato (Zachara et al., 1987; 1989).

A adsorção do cromato pelos solos, em contraste com os modelos sob a forma de minerais argilosos e óxidos, tem sido estudada de forma pior. Nos horizontes húmicos dos solos de adsorção, a redução do cromato precede. Nos horizontes minerais enriquecidos com redutores, o processo começa com a redução do cromato (Eary, Rai, 1991). Na ausência de redutores, a sorção de cromato por solos é determinada exclusivamente pelo efeito do pH, óxidos (hidratos) de ferro e alumínio e macro iões concorrentes (James, Bartlett, 1983).

Numa das obras (Zachara et al., 1989) foram seleccionadas amostras de solo de quatro estados americanos, seleccionadas dos horizontes B e C, com um baixo teor de Corg de 0,07-0,32%. Os solos distinguiam-se fortemente pelos valores do pH do extracto aquoso: de 4,3 a 10,7. A adsorção máxima de cromato foi observada no próprio solo ácido, enriquecido com caulinite e óxidos Fe-(hidratos)cristalizados: hematite, goetite, e lepidocrocite. Numa vasta gama de pH, a adsorção de cromato por solos corresponde à adsorção obtida em fases modelo de óxidos. A fixação do cromato não foi forte, e o cromato voltou à solução com alcalinização. A adsorção de cromato foi suprimida pela adição de sulfato e matéria orgânica dissolvida, que competiam pelos locais de adsorção de minerais. Ao mesmo tempo, a densidade calculada dos sítios de adsorção na superfície dos óxidos de ferro do solo foi inferior à dos óxidos do modelo de referência, provavelmente devido ao emprego de alguns dos sítios por outros iões (Zachara et al., 1989).

A toxicidade do crómio depende do seu estado oxidativo. Nos solos, o Cr existe em dois estados. O oxianião de crómio, CrO_4^{2-}, é altamente móvel nos solos e nas águas subterrâneas. Pelo contrário, a forma reduzida de Cr(III) forma um hidróxido pouco solúvel e forma complexos fortes com minerais do solo (Sass, Rai, 1987). A possibilidade de reduzir Cr(VI) a Cr(III) reduz o efeito nocivo desta toxina (Hansel et al., 2003). Para além da química, a biomelioração dos solos chama a atenção, uma vez que algumas bactérias aumentam a taxa de redução do cromato (Park et al., 2000). Em condições naturais, contudo, o destino do Cr(VI) é determinado pela cinética total de redução, tanto química como biológica.

Embora a redução biológica de Cr(VI) por bactérias redutoras de metais tenha sido provada (Park et al., 2000, Fredrickson et al., 2000), o seu desenvolvimento em condições anaeróbias depende de factores cinéticos. A taxa de bioredução do Cr(VI) é largamente determinada pela influência do ferro e do enxofre. O efeito do Fe(II) e dos sulfuretos depende em grande parte do pH do meio. O efeito do Fe(II) é palpável a pH> 5,5, e S(-II) a pH < 5,5; e determinam o destino do Cr(VI) em condições anaeróbias (Fendorf et al., 2000). A actividade microbiana afecta indirectamente o ciclo Cr(VI), formando redutores químicos sob a forma de Fe(II) e S(-II) como resultado da redução biológica de Fe(III) e sulfatos (Wielinga et al., 2001).

O tipo de produtos de redução Cr(VI) e a sua estabilidade dependem do mecanismo de bioredução. Isto pode ser uma redução ou reacção enzimática directa com os produtos do metabolismo da redução. Embora a redução cromatográfica ocorra em ambos os casos, os produtos finais podem ser diferentes. Por exemplo, a redução enzimática do cromato resulta na formação de complexos cr(III)-orgânicos móveis (James, Bartlett, 1983). Pelo contrário, um precipitado relativamente insolúvel do tipo $Cr_{(i-VI}Fc\backslash(OI\ l)_3{}^x\ nl\ l_2\ O$ (Eary, Rai, 1989; Patterson et al., 1997) é formado na redução do cromato com a participação de agentes redutores de Fe(II) e S(-II). A solubilidade do precipitado de hidróxido de crómio é proporcional à proporção de Cr(III) : Fe(III). À medida que o conteúdo de Cr(III) aumenta, a estabilidade do precipitado diminui, embora mesmo o $Cr(OH)_3$ puro seja ligeiramente solúvel (Sass, Rai, 1987; Hansel et al., 2003).

A redução de Cr(VI) para Cr(III) é possível para reduzir o efeito nocivo desta toxina (Hansel et al., 2003). A biomelioração chama a atenção como alternativa ao químico após a descoberta de que algumas bactérias aumentam a actividade de redução do cromato (Park et al., 2000). Em condições naturais, o desenvolvimento da redução e o subsequente destino do Cr(VI) são determinados pela cinética de redução total, tanto de natureza química como biológica.

3.2. FUNDOS DE ZINC

Zinco Clark na crosta terrestre é de 76 mg / kg (Greenwood, Earnshaw, 2008). O zinco na crosta terrestre pertence aos calcófilos. Na atmosfera redutora, que prevaleceu durante a solidificação da crosta terrestre, o zinco foi libertado na fase de sulfureto, e os seus minérios mais importantes referem-se aos sulfuretos. Posteriormente, com a destruição das rochas, o zinco foi lixiviado e precipitado como carbonatos, silicatos e fosfatos. O zinco é um elemento mineralógico, pelo qual são conhecidos 143 minerais. Os principais minerais de zinco na crosta terrestre são a esfalerite ZnS (mineral hipogénico) e a ferrugem $ZnCO_3$ (mineral hipergénico). Zinco e óxido de ferro, como a franclinite $ZnOxFe\ O_{23}$ e o hidrosilicato de zinco-hemimorfito $Zn\ S\ 2O_{4i7}\ (OH)*2H_2\ O$, são também comuns. Com a elevada diversidade de minerais de zinco, a dificuldade de identificar as fases de Zn nos solos está associada (Ivanov, 1996). Nos solos, o teor de zinco varia entre 0,3 e 57.000 mg / kg (Chen, Li, 2018).

As associações geoquímicas são indicadas pelos tipos de depósitos de zinco. Entre eles, os minérios Pb-Zn são importantes, para além dos elementos básicos, contendo uma série de elementos altamente tóxicos: Cd, As, Hg, etc. Entre os minérios polimetálicos, distingue-se o tipo Cu-Zn (Ural) pirita. O zinco é comum em rochas básicas, alcalinas e magmáticas médias.

Clarke de zinco nos solos segundo Bowen é 90 mg / kg, a média geral dos solos do mundo é muito diferente deste valor e é de 56 mg Zn / kg (Ivanov, 1996). O conteúdo de Zn nos solos está sujeito a flutuações consideráveis. Para o horizonte arável dos solos da parte central da planície russa, o teor médio em solos florestais cinzentos é de 63 mg / kg, chernozems 46-55 mg / kg, solos turfosos 16-19 mg / kg (Ivanov, 1996). A deficiência de zinco é característica dos solos florestais ligeiros da Região de Terra Não Negra, excesso nos solos da região de Chernozem, e também nos solos desertos (Kovalskii, 1974).

Como componente importante das células, o zinco participa em processos bioquímicos, mas torna-se altamente tóxico com excesso de conteúdo. A toxicidade do zinco é elevada; pertence à primeira classe de perigo.

A contaminação tecnológica com zinco é muito intensiva e diversificada. Os fertilizantes de zinco, lodo de esgoto e pó de ar de origem industrial são as principais fontes de Zn antropogénico a entrar no solo (Robson, 1993).

O perigo é local, fontes intensas de contaminação por zinco. Estas incluem muitas instalações mineiras que processam minério de ferro e matérias-primas metálicas raras. Nos rejeitos destas empresas, acumula-se muito zinco, que facilmente lixivia e polui a água e o solo. Em Inglaterra, nessas áreas, os solos estão fortemente contaminados e contêm 310-1350 mg Zn / kg (Ivanov, 1996). A elevada concentração de zinco (800-4500 mg / kg) em solos tecnogénicos de antigos depósitos de pirita nos Urais leva à formação de "depósitos causados pelo homem" (Ivanov, 1996). Os montes de escória da fundição de cobre dos Urais Médios contêm uma média de 31000 mg Zn / kg, com uma produção de escória de 540 mil toneladas por ano. Nas lixeiras das fábricas para a fundição de chumbo, o teor de Zn é ainda mais elevado. Encontra-se muito zinco nas cinzas das centrais térmicas que queimam carvão, bem como nas escórias da incineração de resíduos sólidos domésticos (Ivanov, 1996).

Em tempos, muitos solos foram contaminados com Zn como resultado de fundições com tecnologia pirometalúrgica obsoleta, quando uma massa de pó e fumo enriquecida com Zn e Pb foi deitada fora. Existem exemplos suficientes de contaminação do solo com zinco como resultado de emissões de plantas metalúrgicas na Rússia e no estrangeiro. Nas proximidades da fundição de chumbo-zinco no Canadá, o conteúdo de Zn, extraído 1N HNO3, atingiu 1390 mg / kg com um fundo de apenas 50-75 mg / kg (Orlov et al, 2005). Anteriormente, as formas de Zn em solos contaminados eram determinadas por cálculo baseado nos dados sobre a solubilidade dos seus compostos (Orlov et al., 2005). Agora os cientistas utilizam a identificação directa de partículas de zinco por análise de raios X de sincrotrão (Manceau et al., 2000, 2002). O zinco é especialmente conveniente de estudar por este método devido ao seu elevado Clark nos solos.

Os metais calcápios (Ag, Cd, Hg, Zn) caracterizam-se pela precipitação sob a forma de sulfuretos e pela complexação com matéria orgânica. Estas interacções são um mecanismo potencialmente importante para a fixação destes metais em solos organogénicos e turfas. Reacções em condições oxidantes levam à oxidação dos sulfuretos e da matéria orgânica, o que provoca o rendimento concomitante de metais pesados na solução do solo.

Os grupos funcionais contendo oxigénio, fósforo, azoto e enxofre são caracterizados nesta ordem pelo grau de afinidade com os metais calcários. Consequentemente, os grupos funcionais contendo S são um ligando mais eficaz para os metais calcápios do que os grupos funcionais contendo O, embora estes últimos no solo dominem quantitativamente (Martinez et al., 2006). Foi previamente estabelecido que Pb, Cu, Co, Ni e Zn formam complexos intrasféricos com substâncias orgânicas do solo, e estes metais são coordenados por O-ligands (Xia et al., 1997a, 1997b, McBride, 1978). O ambiente destes metais também pode ser representado por complexos com grupos funcionais contendo S e N. De facto, em trabalhos posteriores (Skyllberg et al., 2000; Hesterberg et al., 2001; Martinez et al., 2002; Karlsson et al., 2005; Yoon et al., 2005) estabeleceram a presença de Hg, $CH3Hg^+$ e ligações Cd com grupos funcionais contendo S nos solos e no húmus. O zinco é coordenado por enxofre reduzido, formando ZnS, em solos inundados (Bostick et al., 2001) e sedimentos subaquáticos (Hesterberg et al., 1997) com baixo teor de carbono. Além disso, o Zn é coordenado pelos grupos funcionais reduzidos de húmus contendo S.

Embora a maioria das ligações alternativas de oxigénio de Zn com grupos funcionais sejam obtidas em objectos biologicamente puros, que têm pouca semelhança com a matéria orgânica do solo, têm os mesmos grupos funcionais que são capazes de ligar o zinco. Apesar das dificuldades em identificar as ligações de metais com grupos funcionais contendo N, vários estudos demonstraram a presença de ligações de N- com metais em objectos naturais. Utilizando a tecnologia de raios X synchrotron, verificou-se que 70% do zinco intracelular nas raízes do seu super acumulador *Thlaspi caerulescens* foi coordenado pela histidina, um aminoácido natural (Salt et al., 1999). Os espectros de XANES de cobre para húmus (Frenkel et al., 2000) mostraram ligações Cu-nitrogénio a baixa relação Cu / C < 0,005.

Foram estudadas em detalhe amostras de solo pantanoso na parte ocidental do Estado de Nova Iorque, EUA e solos alagados na província de Ontário, Canadá (Martinez et al., 2006). O conteúdo de Zn neles varia de médio a alto (de acordo com a norma para solos organogénicos). O conteúdo de enxofre e azoto também é aumentado: 3,5-9,5 g S / kg e 10,5-31 g N / kg. Considera-se que os solos são enriquecidos com teores superiores a 1 g S / kg e 15 gramas N / kg (Martinez et al., 2006). A determinação do estado de oxidação do enxofre com base na análise de S-XANES mostrou que 35-45% do enxofre total está no estado mais recuperado, ou seja, sob a forma de sulfuretos R-S-R e tióis R-S-H, e 50-70% de enxofre no estado de oxidação intermédio, ou seja, sob a forma de sulfóxidos R-SO-R e sulfonatos $R-SO_3$ -H (Martinez et al., 2002). Apenas 5% do enxofre total é oxidado sob a forma de sulfatos R-OSO3-H.

Os rácios molares de Zn / S_{red} no solo variam de 0,02 a 2,71, e o rácio Zn / N = 0,0025-0,333. A tais valores, formam-se ligações Zn com grupos funcionais S e N de solos orgânicos. Ao mesmo tempo, a percentagem de zinco de troca é baixa: 0,8-6,5% a pH do solo 5,2-6,9. Em turfa mais ácida com pH 4,5, a percentagem de zinco de troca aumenta para 6,6-9,9%.

Foi feito um estudo detalhado tanto de amostras não divididas como de regiões enriquecidas com zinco. A difractometria de raios micro-X sincrotrão revelou esfalerite (ZnS) em duas micro zonas de solo sobre dolomite. Embora este solo não seja um detentor de registos em teor de zinco, a difractometria de raios X de sincrotrão revelou esfalerite na amostra como um todo. Este solo foi seleccionado numa zona húmida e ficou submerso durante muito tempo.

Ao mesmo tempo, a série Manning com a mesma proporção de Zn / Sred não deu picos relacionados com a esfalerite, uma vez que foi drenada há mais de 60 anos para fins agrícolas. Provavelmente, as condições redox determinam as formas químicas do zinco nos horizontes de superfície do solo em maior medida do que a razão Zn / Sred.

Os mapas microfluorescentes mostram uma relação estreita entre Zn e S, provavelmente o enxofre orgânico está envolvido na fixação de Zn em solos orgânicos. Para decifrar os espectros de Zn-XANES, foram utilizadas 5 normas: ZnCl2; Zn-acetate; Zn-arginina; Zn-cystine e ZnS. Estes modelos representam a esfera exterior Zn^{2+}-complexos, complexos contendo Zn com grupos O-, N- e S-funcionais de matéria orgânica e fase inorgânica de ZnS. Verificou-se que o complexo Zn-arginina domina no solo como um todo e em certas áreas enriquecidas com zinco. No solo como um todo, foram encontradas ligações Zn com grupos O e N-funcionais de matéria orgânica, enquanto que nos complexos enriquecidos com Zn, foram também encontrados complexos com grupos S-funcionais. As proporções de diferentes partículas de zinco nas amostras como um todo e nas micro zonas diferem.

As constantes de estabilidade dos complexos Zn-ligand permitem a formação de ligações Zn com grupos funcionais contendo S e N, para além de O-contido. Os cálculos termodinâmicos realizados utilizando constantes de equilíbrio mostraram que a um pH de 6,5 e com uma razão de Zn : cistina : arginina : acetato = 1 : 1 : 5 : 10, a fracção de Zn ligada à arginina e à cistina é de 42%, com acetato - 9 e 6% sob a forma de Zn^{2+}. A diminuição do pH altera a proporção a favor de Zn-acetato e Zn-acetato aquoso^{2+} e reduz a proporção de partículas de Zn-arginina e Zn-cimina. Os cálculos termodinâmicos são consistentes com os resultados obtidos.

As ligações químicas de Zn com grupos funcionais contendo N e S proporcionam uma maior afinidade do que com grupos funcionais contendo O. Isto explica a razão para a maior capacidade de adsorção a metais de solos orgânicos do que solos minerais.

Considerar os solos na zona de Morte de Nord no norte de França. Nestes solos neutros (pH> 5,5), a composição leve granulométrica do zinco acumulou-se durante 100 anos como resultado da contaminação aérea por várias plantas metalúrgicas. As amostras de solo contaminado foram fracionadas de acordo com os princípios granulométricos e densitométricos (Manceau et al., 2000).

Na superfície, o solo está tão poluído que se forma uma camada de escória. Na fracção pesada (2,9 g / cm^3) do horizonte da escória, os átomos Zn foram analisados por espectroscopia EXAFS. O espectro total contém 40% willemite, 25% franklinite, e 18% Zn na fracção argilosa.

Pelo método da micro-EXAFS-espectroscopia, as partículas Zn foram estudadas nos horizontes mais baixos (não poluídas) e nos horizontes aráveis dos solos. Foi analisada a composição das fases de Zn na fracção argilosa. Estas fases foram as mesmas a uma profundidade de 8-70 cm. Os compostos organo-Zn nos horizontes húmicos estão ausentes, o que é provado pela semelhança dos espectros dos solos iniciais e do H2O2 tratado.

Quando o modelo de um componente foi aproximado, os espectros da fracção argilosa (Fig. 29) mostraram a melhor correspondência para o querolito $Si4(Mg_{2.25} Zn_{0.7} 5) O_{10}^x (OH)_2^x nH_2 O$ ou para o Zn adsorvido em hectorite.

A natureza mineral dos portadores de Fe- e Mn-zinco também foi estudada por espectroscopia micro-EXAFS. Foram registados três espectros de ferro: dois na região de grãos ferruginosos, e o terceiro na matriz de Fe- contendo argila. Todos os espectros são semelhantes e correspondem ao espectro de SFeOH de ferro-zinco. O espectro de Mn-sphere de manganês corresponde ao bernesite hexagonal (Manceau et al., 2002; Morin et al., 1999).

Assim, franklinite, willemite, hemimorphite e magnetite contendo Zn, encontradas na fracção pesada do horizonte de superfície contaminada do solo, são os principais poluentes tecnológicos de plantas metalúrgicas contendo Zn. Os filossilicatos contendo Zn dominam entre os compostos de zinco secundários concentrados na fracção sedosa dos solos, e o Zn, que é fixado por partículas de óxido de manganês (bernesite) e hidróxido férrico (feroxigite), está presente em menor quantidade. A menor participação da bernesite na fracção de lama deve-se à sua grande dimensão, em resultado da qual uma grande fracção das partículas de bernesite entra na fracção sedosa do solo durante o fraccionamento granulométrico.

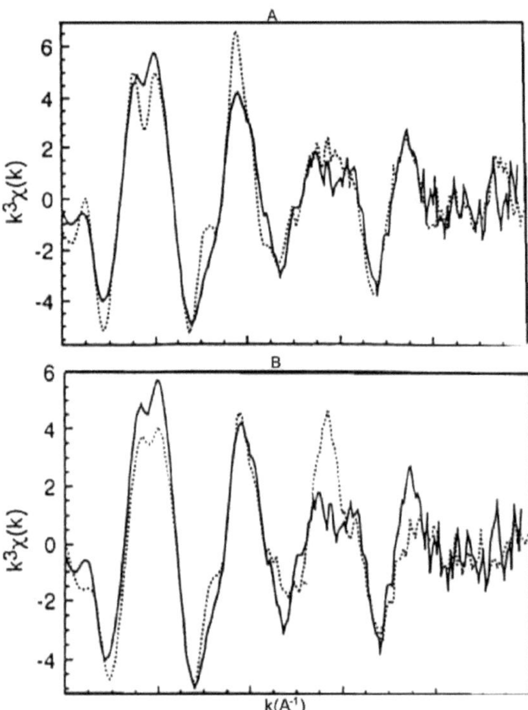

Fig. 29. Espectros EXAFS de átomos Zn na fracção argilosa (<2 pm) do solo do Moteul Nord, França (linha sólida) e amostras de referência (pontos): A-Zn contendo querolite; B - Zn contendo hectorite.

Vamos recorrer a solos contaminados em Palmerton, Pennsylvania, Estados Unidos. O perfil do solo é colocado a 1 km a sudeste da antiga planta, que derreteu 80 anos de ZnS de ritmo esphaler-ritmo. O solo está contaminado aeralmente com metais pesados, especialmente zinco e ácido sulfúrico. A camada superior do solo (0-10 cm) é uma peça orgânica preta e seca contendo uma média de 32% de Corg (Scheinost et al., 2002).

A extracção química sequencial de Brummer e a técnica de raios X foram utilizadas para analisar as formas de zinco. Esta combinação de métodos de análise deve-se às seguintes considerações.

Durante a remoção química das formas Zn, o número de fases diminui, o que facilita a identificação espectroscópica das fases restantes. A extracção sequencial química é mais eficaz para identificar as formas mais móveis e, por conseguinte, as mais tóxicas do metal.

Na camada superior do solo com uma reacção ácida do meio (pH 3,2), Zn = 6200 mg / kg e Pb = 7000 mg / kg estão contidos. Os resultados da extracção química sequencial mostraram que, na sua maioria, o zinco é extraído na última (sexta) fase do tratamento, e permanece no resíduo. Segue-se que o Zn está mais fortemente ligado aos óxidos Fe-(hidr)e outros minerais estáveis. Uma quantidade significativa de Mn é libertada em todas as fases, o que é inconsistente com as ideias de mineralogia homogénea do manganês nos solos. Muitas vezes os compostos de manganês são divididos em dois grupos: óxidos e silicatos - por vezes revelam um terceiro grupo - carbonatos.

A remoção de 23% Fe na quarta fase de extracção, possivelmente, está associada à destruição de complexos de ferro com matéria orgânica. Mas principalmente o ferro é libertado na sexta fase, ou seja, devido à dissolução dos óxidos de ferro cristalizados, embora uma quantidade significativa permaneça no resíduo após o fim completo da extracção.

O controlo da solubilidade do zinco pelos métodos da técnica synchrotron mostrou o seguinte. Após as primeiras quatro extracções, os espectros do solo pouco mudaram, o que concorda com o baixo rendimento do Zn na solução nestas fases. Os dados das espectroscopias XANES e EXAFS indicam que o principal mineral contendo Zn é o espinélio de Franklinite $ZnOxFe2O3$ (Scheihost et al., 2002). Desde a quinta extracção extraída pouco zinco, podia esperar-se que preservasse o aspecto do espectro EXAFS. Mas, de facto, mudou fortemente, o que indica a diferenciação das formas de Zn após tratamento com oxalato de amónio. O efeito inverso foi observado após o sexto tratamento, quando mais de 1/3 do zinco é retirado, mas as alterações espectrais do Zn no solo foram insignificantes. Os espectros das amostras após o quinto e sexto tratamentos mostram novos sinais relacionados com a esfalerite, enquanto que os sinais de franclinite diminuem.

A proporção de esfalerite / franklinite nos resíduos do solo muda após a quinta e sexta extracções: a proporção de esfalerite aumenta devido à dissolução parcial da franklinite. No espectro inicial, a presença de esfalerite é mascarada por um forte sinal de franclinite. Deve-se notar como o artefacto (de facto, a selectividade da extracção química é baixa), o efeito da formação de uma nova fase durante o quinto tratamento. Forma-se uma nova forma coordenada octahedralmente com a participação do Zn, libertado com dissolução parcial de franclinite, oxalato de zinco.

Na camada inferior do solo, o pH aumentou para 3,9, o conteúdo de Zn diminuiu para 900 mg / kg, e o Pb - para 62 mg / kg. Os resultados da extracção química sequencial mostraram que 56% do Zn total está sob a forma de troca. Outras formas de Zn são parcialmente extraídas durante o sexto extracto (ascórbico-oxalato), e parcialmente retidas após este.

O conteúdo espectroscópico de Zn hidratado^{2+} é consistente com a extracção de zinco pelo primeiro extracto, azoto-amónio (58%). Após este tratamento, os espectros do Zn^{2+} hidratado já não aparecem, mas a forma de Zn associada ao óxido de manganês - lítioforite é revelada. Tal complexo é formado quando o zinco é fixado num meio ácido característico de um determinado solo. A litioforyte é completamente dissolvida durante o terceiro tratamento, a hidroxilamina.

Passemos às formas de zinco após o último, sexto tratamento. O fraccionamento químico não diferencia a forma do resíduo após todas as extracções. Portanto, a partir dos dados da análise química, pode assumir-se que a composição do resíduo é a mesma tanto para o horizonte superior como para o inferior do solo. Mas não é assim, e os espectros EXAFS dos resíduos do solo seleccionados a partir de diferentes profundidades variam muito (Scheinost et al., 2002). Como referido, a franklinite, a esfalerite e o oxalato de zinco recentemente formado são retidos no resto da camada superior do solo. Na camada de 10-30 cm, a situação é diferente. O zinco faz parte da camada de hidróxido de Al localizada entre as camadas de montmorilonite carregadas negativamente.

Sabe-se que o Zn é capaz de se ligar em solos fracamente ácidos e neutros, formando filossilicatos contendo Zn, especificamente na camada octaédrica de minerais argilosos desordenados (Manceau et al., 2000, Dahn et al., 2002). Em solos fortemente ácidos, a formação de tais formas é difícil. A pH < 5, o zinco permanece completamente na forma de troca durante um longo período de tempo. É muito importante que quase metade do Zn seja fixado numa fase muito ligeiramente solúvel - na camada intermédia hidróxido de alumínio, o que reduz o efeito tóxico do Zn móvel^{2+}. No início do laboratório foi provado que o níquel e outros metais 3d são fixados desta forma (Scheinost et al., 2002).

Os solos contaminados no planalto de Pliero, 30 km a noroeste de Paris, foram estudados em pormenor. De 1899 a 1999, estes solos numa área de 1200 hectares foram irrigados abundantemente com esgotos de Paris (Kirpichtchikova et al., 2006). Como resultado, toda a área está agora contaminada com metais pesados, principalmente Zn, Pb e Cu. A poluição está limitada à sola do arado, ou seja, a uma profundidade de 60 cm. O conteúdo de metais varia muito a uma distância de centenas e até dezenas de metros. Um conteúdo típico no solo é Zn = (150-3150) mg / kg; Pb = (80-670) mg / kg e Cu = (50-390) mg / kg. Em 1996-1998 anos. Foi estabelecido um teor inaceitavelmente elevado de metais nas plantas, e as autoridades proibiram a venda de produtos agrícolas.

Estes solos contaminados perto de Paris foram estudados por extracção química e absorção de raios X sincrotrão (Kirpichtchikova et al., 2006). A textura dos solos é altamente heterogénea tanto em escalas milimétricas como em micrómetros. A composição química da região, enriquecida com resíduos radiculares, e a matriz argilosa são particularmente diferentes. O cobre domina nos resíduos radiculares, e a razão Cu : Zn : Pb é 100 : 20 : 22. A forte associação do Cu com as raízes reflecte a capacidade do metal de formar complexos fortes com matéria orgânica - muitas raízes e detritos são enriquecidos em cobre. A presença de associações de zinco e chumbo com ferro é confirmada por coeficientes de correlação elevados: p(Zn-Fe) = 0,78; p(Pb-Fe) = 0,71.

Mas na matriz argilosa a situação é diferente: existe uma associação estrutural ou física destes metais pesados com partículas de argila, e o papel do ferro na fixação dos metais pesados não é significativo. Uma proporção típica de Zn : Cu : Pb : Fe = 30 : 10 : 12 : 100. Os coeficientes de correlação entre metais e ferro são baixos: p(Zn-Fe) = 0,53; p(Pb-Fe) = 0,57, o que indica a ausência de uma relação estatística entre metais pesados e hidróxidos de ferro numa matriz argilosa.

Foi obtido um peculiar espectro de dispersão de electrões a partir de uma grande partícula redonda com um diâmetro de 30 pm. É enriquecido em Zn e esgotado de Cu e Pb; a razão dos picos Zn : Cu : Pb é 100 : 23 : 6. O teor de Fe na partícula é duas vezes inferior ao da matriz argilosa e, provavelmente, o Zn não está associado ao ferro, o que concorda com o baixo coeficiente de correlação p (Zn-Fe). Nesta partícula, a formação de fosfatos de zinco é possível - a razão de Zn : P = 17 : 100. É importante salientar a distribuição desigual de Cu e Zn nesta partícula. Utilizando um microscópio electrónico de varrimento, foi estabelecido que o cobre está associado a componentes orgânicos, e o zinco a componentes minerais.

Em solos contaminados perto de Paris, para além da composição química, foi estudada em pormenor a mineralogia dos compostos de zinco (Kirpichtchikova et al., 2006). A análise das partículas contendo Zn pela espectroscopia EXAFS foi realizada em áreas divididas em dois grupos, de acordo com a sua morfologia. Os espectros do primeiro grupo referem-se à matriz argilosa, e o segundo às regiões enriquecidas com ferro ou fósforo. A matriz argilosa é dominada pelo filossilicato trioctaédrico: Zn contendo querolita Zi_4 $(Mg_{1.6}$ $5Zn_{1.35})O_{10}$ (OH) xnH_{22} O. No segundo grupo, Zn está em coordenação tetraédrica e é rodeado por átomos "leves" sob a forma de complexos de superfície e, de acordo com a composição química, é Zn sorvido em ferricidrato e fosfato de zinco.

Um total de 4 grupos de partículas contendo zinco foram identificados nos solos: Zn sortido sobre ferrihita, fosfato de zinco di-hidratado, Zn-kerolite e silicato de willemite-zinco $Zn_2Si_2O_4$. Entre os hidróxidos de ferro conhecidos, foi precisamente a ferrihidrita com Zn no ambiente tetraédrico que deu o melhor acordo com o espectro: o índice de discrepância dos espectros R era baixo 0,23. Das várias formas de fosfato, o acordo máximo foi obtido para o fosfato de zinco di-hidratado (R = 0,25). Entre a família dos filossilicatos, a melhor concordância com o espectro experimental foi obtida para querolite com um teor médio de zinco. Assim, o zinco encontra-se num ambiente trioctaédrico, como é frequentemente o caso em solos e sedimentos de fundo (Isaure et al., 2005; Panfili et al., 2005). Isto exclui a participação da montmorilonite como portadora de Zn. A atracção do espectro de Zn sortido em hectorite também não foi bem sucedida (o desajuste dos espectros aumentou para R = 1,18). Outros modelos (envolvendo hidrotalcite e filossilicato com hidróxido de alumínio entre camadas) também se revelaram sem sucesso (Kirpichtchikova et al., 2006). Outras partículas contendo zinco encontradas em solos contaminados, tais como zinco ZnO, esfalerite, franklinite, complexos Zn orgânicos com ácidos húmicos e orgânicos de baixo peso molecular (Isaure et al., 2002; Sarret et al., 2004; Panfili et al., 2005) , estão ausentes nestes solos. Também não havia hidróxidos e carbonatos de zinco, presumivelmente formados em solos (Orlov, 1985).

Assim, cerca de 80% do zinco está associado a minerais secundários hidroxilados, e os restantes Zn - com desidroxilados (com willemite e ganite $ZnAl2O4$) e, possivelmente, com minerais primários. Apesar do elevado teor de matéria orgânica no solo, não foram encontrados compostos orgânicos de zinco. Assim, a mobilidade do Zn no solo é controlada pela formação de minerais secundários.

O zinco sorvido por hidróxidos de ferro (ferrihidrite) era a principal forma no solo (Kirpichtchikova et al., 2006). A ligação do Zn com ferrihidrita era omnipresente, foi encontrada em toda a matriz, como numa mistura com outros minerais, e numa película sobre grãos de willemite e fosfatos, e também em agregados juntamente com filossilicatos. Os mesmos resultados foram anteriormente obtidos por Mansou (Manceau et al., 2002), o que se explica pela dispersão de ferrihidrita nanométrica por toda a matriz. Assim, a coordenação tetraédrica de Zn na composição de ferrihidrita de solo altamente dispersa e quimicamente activa confirma a opinião de ferrihidrita como a fase principal de muitos solos do clima húmido que contém Zn.

O fosfato de zinco é o segundo composto principal de zinco (Kirpichtchikova et al., 2006). A sua presença é comprovada por análise EXAFS e microscopia electrónica de varrimento. Anteriormente, os fosfatos de zinco eram detectados em solos contaminados e nas raízes de plantas de cereais cultivadas em solos recuperados onde o zinco é fixado com fosfato adicionado (Cotter-Howells, Caporn, 1996) ou em sedimentos enriquecidos com fósforo e contaminados com zinco (Panfili et al., 2005). A presença de fosfato de zinco nos solos estudados bem fertilizados não é surpreendente, dado o elevado teor de fósforo de 6000 mg / kg $P2O5$ e o excesso de zinco - 1100 mg / kg. É evidente que o fosfato de zinco está relativamente bem cristalizado.

A terceira forma principal de compostos de zinco é a composição trioctaédrica com filossilicato de Zn (Kirpichtchikova et al., 2006). A alta amplitude do sinal EXAFS prova que o zinco está incorporado na estrutura de filossilicato, e não forma complexos de superfície nas bordas das camadas de silicato. As grelhas Octaédricas contêm aproximadamente o mesmo número de átomos Zn e Mg. Assim, o zinco não é adsorvido na superfície das partículas iniciais dos filossilicatos, e as suas partículas são formadas pela precipitação conjunta de Zn e Si dissolvidos. Esta hipótese é consistente com um elevado teor de sílica (80% SiO_2) e um baixo teor de minerais argilosos no solo - apenas 8%. Os filossilicatos trioctaédricos contendo zinco são partículas comuns em solos com pH neutro. Esta é a principal forma de zinco nas rochas-mãe em climas temperados (Manceau et al., 2000; Isaure et al., 2002; Panfili et al., 2005).

Willemite $Zn2$ Si $O24$ é a quarta maior forma de partículas contendo zinco (Kirpichtchikova et al., 2006). Este silicato anidro é formado a alta temperatura e é encontrado em solos contaminados com resíduos metalúrgicos (Manceau et al., 2000; Isaure et al., 2002). Os willemite antropogénicos podem aparecer no solo após irrigação por esgotos de plantas metalúrgicas ou de precipitações aerógenas, como é típico dos terrenos de Pierre, deitados perto dos subúrbios industriais de Paris. Utilizando o método EXAFS, a associação de willemite com ferrihidrite e fosfato de zinco contendo Zn, mas não com Zn-filosilicato, foi provada. Provavelmente, os grãos de willemite artificiais actuam como uma matriz física para depositar os dois minerais secundários de Zn, mas não como um substrato activo facilmente solúvel, uma vez que a meteorização willemite conduz à formação de silicatos em camadas aquosas. Ganite $ZnAl2O4$ é a quinta forma de partículas contendo zinco (Kirpichtchikova et al., 2006). É um mineral da estrutura do espinélio, que é sintetizado a alta temperatura. Tipicamente o ganite tecnogénico é encontrado em solos e sedimentos poluídos pela precipitação atmosférica de pó de zinco das empresas metalúrgicas (Isaure et al., 2005; Panfili et al., 2005).

Os estudos começaram com a adsorção de Zn por componentes do solo tão activos como matéria orgânica, minerais argilosos e óxidos (hidratos) de ferro e manganês. Os modelos de adsorção superficial de Zn foram desenvolvidos tendo em conta todas estas fases de transporte individuais (Weng et al., 2001). Mas um estudo recente da adsorção de Zn por minerais puros mostrou a possibilidade da ocorrência de zinco na composição de minerais recém-formados.

A informação sobre os indicadores quantitativos da formação de partículas contendo Zn é muito limitada. Para compreender esta questão, as partículas Zn foram estudadas durante quatro anos no solo, especialmente contaminadas com ZnO zincite sob a forma de pó produzido no fabrico de latão (Voegelin et al., 2005). Para este fim, foram utilizados lisímetros de ponta aberta preenchidos por baixo com rocha carbonatada, e por cima - com solo argiloso, não carbonatado; as plantas foram cultivadas em lisímetros. O solo continha 15 g / kg de carbono orgânico, pH 6,5, capacidade de troca catiónica 55 mmol / kg. O solo foi contaminado com pó removido do filtro de produção de latão. O pó continha 654 mg de Zn / kg, 65 mg de Cu / kg, 12 mg de Pb / kg, 0,3 mg de Cd / kg. Isto corresponde a 850 mg / kg de ZnO zinco e 100 g / kg de latão da composição aproximada Cu0,6Zn0,4. Após contaminação, o conteúdo inicial no solo era de 2.800 mg Zn/kg, 410 mg Cu/kg, 100 mg Pb/kg e 10 mg Cd/kg (Voegelin et al., 2005).

A composição das partículas contendo Zn foi analisada por espectroscopia EXAFS. O espectro do solo contaminado inicial está em bom acordo com o espectro zincite, reflectindo a composição do principal poluente. Após dois meses de experiência, a participação espectral do ZnO ainda dominou. Mas entre o segundo e quarto mês da experiência, o espectro do solo mudou radicalmente: os picos relacionados com o zinco diminuíram. Mais tarde, no período de 9 a 47 meses, as mudanças na natureza do espectro foram insignificantes.

3.3. COMPOSTOS DE ARSÉNICO

O conteúdo de arsénico na crosta terrestre é baixo - 1,8 mg / kg (Greenwood, Earnshaw, 2008). Existem muitos minerais arsénicos: mais de 300 arsenatos e minerais fixadores Como foram identificados (Manceau et al., 2002). Os minerais mais comuns são muito mais pequenos. Estes incluem sulfuretos: As4S4 realgar e auripigmento As2S3, bem como óxido - arsenolite As2O3. Arsenetos de ferro, cobalto, níquel e sulfuretos mistos com estes metais estão amplamente distribuídos, (Greenwood, Earnshaw, 2008). Com a diversidade dos minerais arsénicos, a dificuldade em identificar As fases nos solos está associada.

Clarke arsénico nos solos - 8,7 mg / kg (Kabata-Pendias, Pendias, 1989), segundo Bowen (Bowen, 1979) - 6 mg / kg. Em solos leves, o conteúdo de arsénico é mais baixo do que em solos pesados, uma vez que está confinado a uma fracção argilosa. Nos solos russos, o conteúdo médio de Como na tundra e foresttundra é de 1,6 mg / kg, nos solos da série podzolic é de 1,2-3,0 mg / kg, nos solos de floresta cinzenta - 1,5-9,6 mg / kg, em chernozem e castanho - 4,5-8,0 mg / kg (Ivanov, 1996).

O arsénio extraído é incluído nos ciclos industriais, e depois, graças à dissolução dos minerais, entra no solo e na água do solo. A National Priority List of the United States publicou informações sobre 1000 locais potencialmente perigosos para a saúde humana. Nesta lista, entre os poluentes inorgânicos As, a frequência de citação é apenas secundária em relação a Pb (Manceau et al., 2002). A principal fonte de arsénico de origem humana é As contendo lixeiras de minério. A presença de As no resíduo de minério, armazenado durante muito tempo, cria um grave perigo para o ambiente. Não é surpreendente que se tenha prestado atenção ao estado das lixeiras ricas em arsénio (Paktung et al., 2003).

O arsénio está constantemente presente nos fosforitos como uma impureza, o seu conteúdo mais comum é de 5-12 mg / kg, atingindo 100 mg / kg e superior nas variedades ferruginosas (Ivanov, 1996a). A concentração de arsénico no carvão de algumas regiões, onde é de 53 mg / kg, é elevada em cinzas de carvão de CHPP, à medida que o seu conteúdo aumenta em quantidade. Os solos são fortemente poluídos após a utilização de As-pesticidas, perto de lixeiras de cinzas de centrais térmicas, carvão e metais, minas de fósforo e empresas de processamento. Em solos de regiões industriais na zona de influência das instalações de processamento de metais, À medida que a concentração atinge 2470 mg / kg, as empresas químicas - até 380 mg / kg, metais não ferrosos - até 900 mg / kg. Os solos que foram tratados com As-pesticidas durante muito tempo podem estar muito contaminados: até 400-2000 mg As / kg. Tais solos, onde foram utilizadas preparações de arsénico para combater a filoxera, mesmo após 80 anos é a razão do envenenamento dos residentes locais (Ivanov, 1996a).

O arsénico não pertence ao número de componentes recicláveis dispendiosos dos minérios e, muito frequentemente, entra em resíduos quando os processa. Como resultado, quando enriquece minérios com um elevado teor de arsénico na sua maioria (até 80%), cai em resíduos. Assim, em depósitos de estanho, o conteúdo de As atinge 2.100 mg / kg e quase todos vão para o lixo (Ivanov, 1996a). Uma rocha vazia, extraída de minas de urânio e ouro, onde o arsénio é encerrado sob a forma de pirita e arsenopirita, é uma anomalia antropogénica muito perigosa.

A relação entre arsénico e ferro em resíduos de minério nos EUA, França e Canadá tem sido estudada em pormenor. Foram utilizadas técnicas de raios X Synchrotron para estudar as formas de arsénico em resíduos de três minas de ouro na Califórnia, EUA (Brown et al., 1999). De acordo com dados da espectroscopia EXAFS, As (V) predominam nas lixeiras, que é representada pelo $FeAsO*2H_{42}O$, bem como o arsénio (V) adsorvido nas partículas de goetiteaFeOOOH e gibbsiteyAl(OH)$_3$ (Brown et al., 1999).

Em resíduos contendo minério de sulfureto calcinado, oxidado As (V), substituindo o sulfato em cristais de jarosite [KFe$_3$ (SO$_4$)2(OH)$_6$], e o arsénio sorvido na superfície hematita aFe O$_{23}$ são formados. Em geral, o arsénio encontrado em precipitados cristalinos e amorfos é menos acessível aos organismos do que o sorvido na superfície dos minerais (Brown et al., 1999).

O arsénico adsorvido em hidróxidos de ferro também irá acelerar o As^{5+} - contendo jarosite - todas estas formas são estáveis em condições ácidas típicas para a oxidação dos sulfuretos, mas não podem ser consideradas como fiáveis Como formas de fixação. O jarosite como mineral comum de paisagens ácidas não é estável a pH > 3 e depois dissolve-se rapidamente, libertando o As. Da mesma forma, a solubilidade do scorodite depende fortemente da acidez; a taxa de dissolução é mínima a pH 4 e aumenta acentuadamente com o aumento do pH (Savage et al., 2000). Embora os complexos intrasféricos de arseniato com hidróxidos de ferro difiram em força (Waychunas et al., 1993, Manning et al., 1998), existe sempre o perigo de dessorção do complexo de superfície em condições variáveis. Por exemplo, perigo de dessorção do complexo de superfície quando aparecem ligandos fortes na solução, com aumento da actividade bacteriana e como resultado de alterações sazonais no pH e Eh em zonas húmidas e em aterros de minério. Vejamos os dados sobre a lixeira da mina de chumbo-zinco Carnot, sudeste de França. A mina foi encerrada em 1962 (Morin et al., 2003). Ao longo dos anos da sua operação, 1,5 milhões de toneladas de resíduos sulfurosos, excepto enxofre, acumulados, contendo em média 0,7% Pb; 10% Fe e 0,2% As. Os resíduos são armazenados numa lixeira de 6 m de altura. No fluxo ácido que sai do aterro, a concentração de As (III) atinge 80-280 mg / l. A uma distância das primeiras dezenas de metros do fluxo, a rápida oxidação de Fe (II) leva à co-precipitação de uma grande quantidade de As e Fe (III) formando "esteiras bacterianas" no fundo. A análise de sedimentos minerais e orgânicos mostrou a formação de uma rara boca-de-sulfato de ferro enriquecido com arsénico (demasiado-eleite) com a fórmula química Fe$_6$ (As()$_3$)4(S().|)((.)l

1)4*4112(). A tuelite é formada juntamente com hidróxido de ferro amorfo enriquecido em arsénico em diferentes graus de oxidação de As(III) e As(V). Na estação das chuvas, a lama na fonte do fluxo contém tuelite juntamente com hidróxido de ferro amorfo, incluindo As(III). Na estação seca, a situação muda, dominada pelos hidróxidos de ferro enriquecidos em As(V), em que a razão molar As(V) / Fe(III) atinge 0,6-0,8 (Morin et al., 2003).

Em conclusão, considere as lixeiras da mina de ouro do rio Ketza, no Yukon central, Canadá. A mina foi explorada durante um curto período de tempo, de 1988 a 1990. Durante este período, formaram-se cerca de 310 mil toneladas de resíduos secos e húmidos, representando uma perigosa anomalia provocada pelo homem. Os resíduos húmidos estão parcialmente debaixo de água, o teor médio de arsénico neles contido é de 4%. A mineralogia complexa de arsénico é estabelecida. Os hidróxidos de ferro são amplamente distribuídos, nos quais As(V) é adsorvido sob a forma de um complexo intrasférico (Paktung et al., 2003).

A composição química dos hidróxidos de ferro e de arseniatos varia muito. Na composição dos hidróxidos de ferro entra arsénico em diferentes quantidades, desde vestígios (300 mg / kg) a um nível extremamente elevado (27,5%). O grosso das amostras são hidróxidos de ferro com uma razão molar de Fe: As> 5. uma partícula. A razão molar Fe : As de scorodite e outros arsenatos é de 1 a 1,5. A concentração máxima de As adsorvida nos hidróxidos de ferro durante a coprecipitação corresponde à razão Fe: As = 1,5. Assim, a razão Fe: As> 1,5 é considerada como limitante ao passar de arsenatos para hidróxidos de ferro.

O arsénio lixivia muito mais fortemente dos resíduos secos armazenados numa colina onde o seu conteúdo na água do filtro atinge 18-35 mg / l do que dos resíduos húmidos armazenados nas terras baixas (conteúdo de água em 14 mg / l). A solubilidade do arsénico é altamente dependente da composição dos minerais nos resíduos de minério. Arsenopirita e pirita estão em pequenas concentrações, estas partículas estão geralmente rodeadas por arsenatos secundários e hidróxidos de ferro, o que limita a dissolução oxidativa dos sulfuretos. Portanto, a participação dos sulfuretos na libertação de As é insignificante. A Scorodite ocupa 31% da massa de todos os As-minerais em resíduos secos e 13% em húmidos. Neste caso, os resíduos húmidos são mais ricos em hidróxidos de ferro, e os resíduos secos são arsenatos de Fe(III) amorfos (Paktung et al., 2003).

Uma forte lixiviação de arsénico de resíduos secos está associada a uma elevada proporção de As-minerais e a uma baixa proporção de hidróxidos de ferro. O pH da água filtrada a partir dos resíduos é, em média, 8,3. Em condições ligeiramente alcalinas, o Fe-arsenato não é termodinamicamente estável. Isto é especialmente verdade para compostos com a proporção Fe: As <4. A solubilidade dos arsenatos aumenta com o aumento da proporção de cálcio: Os Ca-Fe-arsenatos são muito mais solúveis do que os não-cálcio Medos. Como os arsenatos de Ca-Fe são menos estáveis que os hidróxidos de ferro, a libertação intensiva de arsénico dos Fe-arsenatos em resíduos secos não é surpreendente.

Outro factor que determina a remoção de As dos resíduos é a forma de arsénico na superfície das partículas de hidróxido de ferro. De acordo com dados de espectroscopia EXAFS, os iões de arsenato formam principalmente complexos fortemente bidentários sobre partículas de hidróxido de ferro (Paktung et al., 2003). Após a rápida libertação de arsenatos da superfície de hidróxidos de ferro, a dessorção de As abranda com o tempo.

Sobre a superfície do aFeOOH goetite, formam-se complexos fortes com As (III). O bidentado, binuclear As(III) liga-se com uma superfície análoga às ligações formadas com outros oxianions em goetite é estabelecido com um mecanismo de fixação intrasférica. O complexo de superfície As(III) é resistente à oxidação, como demonstrado pela espectroscopia de XANES (Manning et al., 1998). Devido à sua estabilidade, este complexo desempenha um papel importante na fixação dos arsenatos.

- b

A forma de redução - arsenite - é mais tóxica do que oxidada. Ambas as formas têm uma forte afinidade com os óxidos de ferro, embora reajam de forma oposta às alterações do pH. Na gama de pH 3-10, a quantidade de arseniato adsorvido nos óxidos de ferro diminui com o aumento do pH, enquanto a adsorção de arsenite aumenta com um máximo de pH 9 (Jain, Loeppert, 2004). A quantidade de As(V) adsorvida em goetite é máxima a pH 9, o que contrasta com o comportamento da arsenite, cuja adsorção é máxima num meio ácido. Num meio neutro, As(III) é mais firmemente fixado na superfície de hidróxido de ferro do que As(V) (Manning et al., 1998). Isto é explicado pela diferença na estrutura dos complexos As(III) e As(V).

Os hidróxidos de ferro desempenham um papel importante na fixação do arsénico. A oxidação de Fe(II) a Fe(III) é catalisada pelo metabolismo activo de microrganismos, como o *Acidithiobacillus ferrooxidans*. Como resultado, formam-se hidróxidos de ferro biogénicos que incorporam na sua estrutura ou adsorvem elementos tóxicos na sua superfície (Brown et al., 1999; Morin et al., 2003). Em águas de drenagem ácida, a oxidação microbiana do ferro e a neutralização da acidez conduzem primeiro à precipitação de sulfatos e depois a hidróxidos na sequência: jarosite KFe_3 $(SO_4)_2(OH)_6$, shwertmannite Fe O_{88} (OH) $6SO^x_4$, ferrihidrite $2Fe$ O_{23}^x $FeOH$ $4H^x_2$ O, goethite $aFeOOH$ ou lepidocrocite $yFeOOOH$. Tais reacções químicas limitam fortemente a mobilidade do arsénico nos solos. Nas experiências de coprecipitação de Fe e As, a fixação inicial de arsénio é muito mais elevada do que na adsorção em partículas de hidróxido de ferro já sintetizadas. A densidade de adsorção atingiu 0,7 moles de As(V) por mole de Fe(III) em sedimentos co-precipitados em comparação com 0,25 moles de As(V) por mole de Fe(III) no ferrihidrite previamente sintetizado (Fuller et al., 1993).

As partículas de hidróxido recentemente precipitadas são correntes discretas de um polímero de ferro dioktrahedral com um mínimo de ligações cruzadas (Waychunas et al., 1993). A co-precipitação com arseniato inibe o crescimento de partículas de ferrihidrite. As ligações cruzadas na estrutura de ferrihidrite são formadas apenas na ausência de arseniato. Por outras palavras, com o envelhecimento, a ferrihidrita é polimerizada apenas quando o arsénico é libertado na solução. Enquanto o Fe: Como a proporção é inferior a 5, os hidróxidos de ferro não são estáveis, e a libertação de arsénico continua. É acompanhada pela polimerização e envelhecimento das partículas de hidróxidos de ferro (Paktung et al., 2003).

A fixação firme do arsénio por partículas Fe-(hidr)óxidos é dificultada pela concorrência de outros oxianions: PO_4^{3-}, SO_4^{2-}, MoO_4^{2-}. Assim, a uma concentração elevada na adsorção de As(V) pela solução de fosfato pelo solo é fortemente reduzida (Manning, Goldberg, 1996). Portanto, os fosfatos são utilizados para extrair arsénico dos solos (Jackson, Miller, 2000).

As moléculas orgânicas como os fosfatos aumentam a biodisponibilidade do arsénico. A adsorção de As(III) no aFeOOH goetite diminui na presença de ácidos húmicos e ácidos fúlvicos e, especialmente, ácido cítrico (Grafe et al., 2001). Quanto ao arseniato, a sua adsorção diminuiu com a participação do ácido húmico e dos ácidos fúlvicos, mas não do ácido cítrico. As moléculas orgânicas dificultam a interacção electrostática de As(V) com a superfície de goetite. A competição dos ligandos orgânicos depende do pH do meio.

Uma vez que o arsénio tem um grau variável de oxidação, o seu comportamento depende fortemente das condições redox nos solos. As formas mais comuns de oxidação do arsénico (III) e (V) diferem claramente nos espectros de XANES. Neste caso, a forma da forma dominante depende do pH e Eh. Num meio aquoso a pH neutro, o arseniato é representado principalmente como $H2AsO^{4-}$, e o arsenito tem a forma de H_3AsO_3 (Cullen, Reomer, 1989).

Considerar o efeito das condições redox no rendimento de Como nas zonas húmidas. Antes da adopção no Canadá, no final da década de 1970, de leis mineiras rigorosas, os resíduos eram frequentemente colocados em zonas de baixo relevo (em ravinas e lagos), onde a água era lançada das fábricas de beneficiação. Uma forma tão mal concebida de armazenamento de resíduos levou à formação de zonas húmidas contaminadas (solos de zonas húmidas) perto de antigas minas (Kwong et al., 1997).

Na área do Cobalto, Canadá, o armazenamento a longo prazo de resíduos de minas levou a uma extensa contaminação do As solo, bem como das águas superficiais e subterrâneas. A concentração total de As nas águas superficiais varia de 11 a 20.000 pg / l, excedendo o limite para água potável (25 pg / kg) e para hidrobiontes (5 pg / l) por ordens de magnitude (Beauchemin, Kwong, 2006).

Nestes resíduos de minerais de tamanho arenoso são representados por quartzo, clorite, feldspato, calcite, dolomite e mica. Caulinite, smectites e óxidos (hidratos) de ferro e manganês - muito pouco. O conteúdo de arsénico nos resíduos atinge 1000-1500 mg / kg. Basicamente como está num estado extremamente disperso ou adsorvido em outros minerais. Na ausência de óxidos (hidr)óxidos de ferro e óxidos de manganês, as principais fases portadoras são o arsénio: Fases contendo Al e carbonatos (Violante, Pigna, 2002; Goldberg, Glaubig, 1988). Os factores mais importantes que controlam a estabilidade dos As-minerais são a rega alternada e a secagem do solo, que afectam o modo redox e o pH da solução do solo. Durante a rega, as condições de redução contribuem para a mobilidade de As pela redução directa de As(V) a As(III) ou devido à redução do transportador de Fe(III) seguido da redução do As(V) libertado. A redução de As(V) em As(III) transforma o metalóide numa forma mais tóxica e móvel, o que pode piorar a qualidade da água.

Em conclusão, notamos que muitas lixeiras As-container são demasiado tóxicas para permitir a população espontânea e o crescimento das plantas mais resistentes. As modernas tecnologias de recuperação europeias e americanas estão mais orientadas para a inactivação do solo do que para a remoção de solo poluído (Van der Lebie et al., 2001). A última medida é dispendiosa; requer locais para enterrar o solo sujo, bem como reservas de solo limpo. Todos os estudos mineralógicos e geoquímicos provam que não há meios simples que fixem permanentemente o arsénico em solos oxidados e moderadamente reduzidos. A abordagem moderna está centrada na cooperação e procura de ameliorantes activos para minimizar a biodisponibilidade de metais tóxicos exógenos e metalóides.

3.4. COMPOSTOS ANTIMONÍACOS

Antimony Sb, tal como o arsénico, refere-se aos metalóides. O antimónio Clarke na crosta terrestre é apenas 0,2 mg / kg (Greenwood, Earnshaw, 2008). O número de minerais de antimónio é grande e excede 150, entre os quais predominam os calcogenetos (92). O principal mineral de minério é o antimonite Sb S_{23} (Ivanov, 1996). O antimónio está concentrado na composição do carvão, e também na composição dos minérios Sb-Au. Na cinza do carvão, o teor de antimónio varia de 10 a 500 mg / g.[k]

De acordo com Bowen, Clarke Sb em solos é 1 mg / kg, segundo dados modernos - menos de 1 mg / kg (Filella et al., 2002b). O conteúdo de antimónio nos solos varia muito: em podzóis e solos arenosos uma média de 0,19, em histosóis 0,28, em solos argilosos, 0,76, em chernozems, 1 mg / kg (Ivanov, 1996).

A dificuldade em identificar fases de antimónio nos solos está relacionada tanto com a diversidade dos seus minerais como com a sua baixa concentração. É o baixo conteúdo de Sb nos solos de fundo que impede a utilização da análise EXAFS para a identificação de fases de antimónio. No ambiente, o antimónio vem de processos naturais, tais como a meteorização de rochas e a actividade vulcânica (Wedepohl, 1995). Existem províncias geoquímicas de antimónio naturais. Entre elas encontra-se o Vale de Fergana, no Uzbequistão. Aqui a Sb desempenha um papel importante na patogénese da disfunção da tiróide (Fuzailov, 1984). A inalação de poeira contendo Sb leva a pneumonia, fibrose, cancro do pulmão (Flower, Goering, 1991).

Mas o conteúdo de Sb no solo e na água aumenta perto de minas antimoníacas e em locais de impacto antropogénico. O antimónio é considerado um poluente perigoso nos EUA e na União Europeia (Mitsunobu et al., 2006; Leuz et al., 2006). Devido à sua toxicidade, abundância e capacidade de acumulação, está entre os dez primeiros poluentes mais perigosos da biosfera (Wood, 1974; Vytkovskaya, Drychko, 1998). Ao mesmo tempo, Ivanov (1996) enfatiza que "Antimónio dificilmente é estudado ecológica e geochemicamente. Informação sobre o seu significado biológico e toxicológico não é suficiente, bem como dados sobre tecno-geoquímica. "

O antimónio é utilizado no mundo em grandes quantidades (~100.000 toneladas / ano) principalmente em ligas de bateria, bem como em produtos não metálicos (Greenwood, Earnshaw, 2008). Uma parte significativa do antimónio produzido após algum tempo entra no ambiente. A poluição dos solos com antimónio de origem humana ocorre perto das empresas de metalurgia não ferrosa e ferrosa, na produção de cimento, tijolos, e também na combustão do carvão. O antimónio acumula-se nos solos em redor das minas e instalações metalúrgicas, em campos militares e ao longo das estradas devido à poeira (Fillella et al., 2002a, Scheinost et al., 2006). Encontra-se na Grã-Bretanha (citado em Wytkowska, Drichko, 1998) uma contaminação extensiva de antimónio do solo e das plantas nas antigas zonas mineiras.

Com a poluição industrial, o teor de antimónio pode atingir valores extremos de 200-280 mg / kg, enquanto a MPL para Sb varia de 4,5 na Rússia (Orlov et al., 2002) a 7 mg / kg em alguns outros países (Vitkovskaya, Drychko, 1998).

A mobilidade do antimónio é controlada por processos de sorção na superfície dos minerais (Fillella et al., 2002b). Tanto Sb(III) como Sb(V) nos solos são firmemente fixados por hidróxidos de ferro e óxidos de manganês (Crecelius et al., 1975, Brannon, Patrick, 1985) ou matéria orgânica (El Bilali et al., 2002) minerais argilosos (Leuz et al., 2006). EXAFS-spectroscopia de solos num local de ensaio militar, mostrou a associação de antimónio com hidróxidos de ferro (Scheinost et al., 2006). Mas o mecanismo da sua ligação ainda não é claro. A sorção de sorbium é afectada pelo estado da superfície do sorbente e pelo valor do pH (Ambe, 1987; Tighe et al., 2005). A sorção máxima de Sb(V) em hidróxidos de ferro é observada na gama ácida e permanece a pH 7 (Ambe, 1987; Tighe et al., 2005). A superfície do mineral não só liga iões metálicos, mas também acelera as reacções redox, tais como a oxidação de Fe(II), Mn(II) e VO^{2+} (Tamura et al., 1976, Wehrli, Stumm, 1988; Davies, Morgan, 1989). Os iões metálicos são ligados através de oxigénio com ligandos na superfície do mineral devido à coordenação intrasférica. Isto aplica-se ao antimónio. Como as partículas de $Sb(OH)_4^-$ são activamente oxidadas por oxigénio e $H O_{22}$ (Leuz, Johnson 2005, Quentel et al., 2004), a adsorção de Sb(III) por hidróxidos de ferro acelera a sua oxidação. No trabalho (Belzile et al., 2001) foi demonstrado que Sb(III) é oxidado na presença de hidróxidos de ferro fracamente ordenados na gama de pH 5-10. Segue-se que a adsorção pode afectar a oxidação de Sb(III).

Para estudar esta questão, foi analisada a sorção de Sb(III) e Sb(V) nas soluções mais abundantes de hidróxido de ferro goetite (aFeOOH) em soluções de 0,01 e 0,1 M de $KClO_4$, dependendo do pH e da concentração de antimónio (Leuz et al., 2006) . A oxidação da partícula de Sb foi estudada em solução e fase sólida. Na superfície de goetite, formam-se complexos intra-esféricos de Sb (III) e Sb (V). O antimónio (III) é fortemente adsorvido numa vasta gama de pH (de 3 a 12), enquanto o máximo de adsorção de Sb(V) ocorre a um pH inferior a 7. As(III) e As(V)são adsorvidas em goetite de forma diferente. O arsénio (V) é limitado ao máximo na gama de pH de 3 a 11, enquanto que em As(III), o máximo de adsorção cai dentro de uma gama de pH mais estreita (5-10).

Durante 7 dias Sb(III), adsorvida em goetite, parcialmente oxidada. A coordenação de Sb(III) pela superfície adsorvida aumenta a densidade dos átomos de Sb, o que acelera o processo de oxidação.

A pH inferior a 7, a oxidação de Sb(III) não mobiliza Sb durante os 35 dias completos da experiência, enquanto que a pH 9,7, até 30% da Sb(III) absorvida passa para solução. A adsorção de Sb(III) por hidróxidos de ferro na gama de pH alcalino pode ser o principal mecanismo para a oxidação e libertação de Sb(V) (Leuz et al., 2006).

No ambiente aquoso, predomina Sb(V), enquanto Sb(III) se encontra em condições oxidantes a baixas concentrações (Fillella et al., 2002a). Isto pode ser o resultado da forte sorção de Sb(III) por hidróxidos de ferro (Leuz et al., 2006), bem como da sua oxidação e libertação de Sb(V), especialmente em solos carbonatados. É provável que a concentração de Sb(III) seja muito baixa e na fase sólida dos solos. De facto, as partículas de antimónio no solo não foram representadas por Sb(III) segundo a espectroscopia EXAFS, mas apenas por partículas de Sb(0) ou Sb(V) ligadas a hidróxidos de ferro, frequentemente com goetite (Scheinost et al., 2006). Estudos de solos contaminados com Sb e Sb_2O_3 na emergência de fundições mostraram que estão a ocorrer processos de oxidação em solos e que a forma mais oxidada de Sb(V) é dominante (Takaoka et al., 2005).

O antimónio pode existir em quatro estados de oxidação (-III; 0; III e V), embora Sb(III) e Sb(V) sejam mais comuns nos solos. O comportamento do antimónio depende, em grande medida, do grau da sua oxidação. A toxicidade do antimónio inorgânico é semelhante ao arsénico e também depende do estado oxidativo: Sb(III) é mais tóxico do que Sb(V). Acredita-se que o antimónio é um pouco menos perigoso que o arsénico (Filella et al., 2002a).

Em águas oxidadas, Sb(V) forma complexos $Sb(OH)_6^-$, que formam precipitados de Sb_2O_5. São mais solúveis do que os precipitados de $Sb\,O_{23}$ (Fillella et al., 2002a). Antimónio (III) forma $Sb(OH)_3$ em soluções aquosas e é mais estável em condições anaeróbias (Leuz et al., 2006).

3.5. COMPOSTOS DE SELÉNIO

O selénio ocupa o 66-º lugar entre os elementos da crosta terrestre (0,05 mg / kg). O número total dos seus minerais excede os 80, entre os quais dominam os calcogenetos, incluindo 69 selenetos, que são semelhantes em muitos aspectos aos sulfuretos. Nos depósitos contendo Se-, calcopirita (média 68 mg Se / kg), pirita (57 mg Se / kg), galena, esfalerite, cinábrio, antimonita (Ivanov, 1996) são da maior importância.

As matérias-primas de selénio mais desenvolvidas são os depósitos de cobre, em segundo lugar; com forte rendimento, os depósitos de Pb-Zn estão localizados. O selénio acumula-se nos carvões. Nódulos de pirita em alguns carvões contêm até 500 mg de Se / kg e mais. O conteúdo de Se no xisto combustível é grande, onde atinge 25 e até 100 mg / kg. No xisto preto contendo fósforo, a concentração de Se atinge 50-60 mg / kg, enquanto que no xisto uma parte significativa do selénio é fixada por matéria orgânica. No estado de Wyoming, EUA, em depósitos de Se-fósforo e xistos associados que contêm carbono, o conteúdo de Se atinge 700 mg Se / kg (Ivanov, 1996).

O selénio é um microelemento importante para humanos e animais. Para os animais, o conteúdo requerido nos alimentos não excede 0,1-0,3 mg / kg, e com um conteúdo superior a 3-15 mg / kg de selénio torna-se tóxico. Tanto o excesso como a deficiência de selénio são prejudiciais; além disso, o defeito é mais perigoso, provocando cancro e doenças cardiovasculares (Kovalsky, 1974). As anomalias geoquímicas negativas são generalizadas na China (30% do território) e na CEI.

Clarke selenium nos solos do mundo não está estabelecido. Para o solo dos EUA estima-se em 0,4 mg / kg com um conteúdo aumentado em solos argilosos. Devido ao baixo teor, o estudo das fases de selénio nos solos causa problemas.

O selénio acumula-se nos solos da parte ocidental dos EUA, onde faz parte da pirita. Quando estes solos em xisto são irrigados para a agricultura, o selénio litogénico torna-se móvel e transportado com água de drenagem para reservatórios onde se concentra em plantas e animais amantes da humidade, atingindo um nível de 3000 mg / kg. Sabe-se que as plantas amantes da humidade pereceram ou deram descendência deformada devido à alta concentração de Se. Este problema ocorre nos nove estados ocidentais dos Estados Unidos, numa área de 1,5 milhões de acres (Brown et al., 1999). A perda de gado na zona ocidental do depósito de fosfatos nos estados de Idaho, Utah e Wyoming, EUA, está associada a um elevado nível de Se na água e nas plantas (Ryser et al., 2006). Na extracção de fosfatos, uma rocha vazia com baixo teor de fósforo é armazenada na superfície sob a forma de lixeiras. Numa tal lixeira contendo xistos, o nível de selénio reduzido sob a forma de Se(-II) e Se(0) foi aumentado (Ryser et al., 2005). Quando os xistos estão a resistir, as fases de selénio reduzido são oxidadas para Se(IV) e Se(VI), que são mais solúveis, biologicamente acessíveis e móveis do que as formas reduzidas.

Rochas sedimentares enriquecidas com selénio, parte mineral do carvão, e alguns minérios, o que, em condições de rápida meteorização, leva à acumulação de selénio no ambiente. Os poluentes antropogénicos dos solos são selénio, sulfúrico, cobre, níquel, produção de fosfatos, centrais termoeléctricas que queimam carvão.

O selénio ocorre em vários graus de oxidação (VI, IV, 0 e -II) em diferentes ambientes de solo e geológicos, dependendo do pH e Eh. Num ambiente ácido, Se(-II) forma H_2 Se, enquanto que no meio alcalino aparece como o ião Se^{2-} . Num meio ácido, Se(IV) forma H_2 SeO_3 , e no meio alcalino, SeO_3^{2-} . Num meio ácido, Se(VI) forma Se O_{24}^{2-} , e no meio alcalino SeO42- (Greenwood, Earnshaw, 2008). Numa forma reduzida, Se é relativamente estável e não muito perigoso para os organismos, mas na forma oxidada de Se(VI) é móvel na água e perigoso. O selénio é o principal componente dos selenatos Se(VI)o4, selenitos Se(IV)O3 e selénio elementar Se(0) (Brown et al., 1999).

Se entrando nas raízes das plantas depende do estado de oxidação do solo, pH, composições químicas e mineralógicas, e da concentração de Se e dos ânions concorrentes: sulfatos e fosfatos (Baylock, James, 1994; Dhillon, Dhillon, 2003). Mas o principal é o estado oxidante do selénio. O selenito é termodinamicamente estável sob condições moderadamente oxidativas e tem uma forte afinidade química pelos hidróxidos de ferro (Balistrieri, Choa, 1987). O selénio é o mais móvel e entra facilmente nas plantas, sendo filtrado em profundidade no solo. A distribuição de selenito e selenato entre a fase sólida e a solução depende do pH e da composição da fase mineral.

Muitas vezes o selenato e a selenite encontram-se em vários centímetros superiores do solo, mas mais fundo são reduzidos a Se elementar. A redução é biótica e abiótica. Quando o selénio é reoxidado para selenato no processo de irrigação, torna-se altamente móvel e transportado como um complexo de água na água de drenagem. Foram propostas várias medidas, incluindo a redução bacteriana, imobilização e remoção do Se das águas de drenagem ou a utilização de águas de drenagem para irrigação de terrenos no cultivo de culturas industriais: algodão, eucalipto (Brown et al., 1999). Uma vez que as plantas cultivadas em solos contaminados com resíduos de mineração de fosfato contêm uma quantidade crescente de Se, presume-se que o selenato, como a forma mais móvel de Se, se encontra também no solo (Ryser et al., 2006).

Na maioria das vezes, as formas de selénio são estudadas através do método de extracção química sequencial (Martens, Saurez, 1997; Wang, Chen, 2003; Zawislanski et al., 2003). Mas não é suficientemente preciso (Wright et al., 2003). O método mais adequado é a espectroscopia de absorção de raios X (XAS). Permite analisar as partículas de selénio sem tratamento preliminar do solo (Pickering et al., 1999), estudar as fases sólidas do selénio em sedimentos (Pickering et al., 1995, Tokunaga et al., 1994; Tokunaga et al., 1998) e plantas (Tokunaga et al., 1994; Tokunaga et al., 1998; Manceau et al., 2002; Strawn et al., 2002).

A espectroscopia de absorção de raios X foi utilizada para analisar três amostras de solo na área da mina de Konda no Parque Nacional Caribou, Idaho, EUA (Ryser et al., 2006). As amostras foram retiradas da praça, que foi recuperada há 20 anos e semeada com ervas. Diferenças nas formas de Se em áreas abertas e plantadas com plantas não foram detectadas.

O conteúdo da Se nas três amostras era de 14, 26 e 70 mg / kg. Esta quantidade é insuficiente para analisar a "estrutura muito fina do espectro de absorção" (espectroscopia EXAFS), mas suficiente para a espectroscopia XANES, permitindo estabelecer o estado de oxidação da Se. Foi calculada uma correlação entre Se e outros elementos na micromapeagem de amostras de solo. Impressionante é o número de pontos utilizados para a correlação, que atinge 10 300-13 700 (Ryser et al., 2006). A maior ligação foi em Se com Fe, Mn, Cu, Zn e Ni. Uma ligação insignificante entre Se e Ca é confirmada pela análise dos xistos (Ryser et al., 2005) ; consequentemente, Se não está associada à calcita. Os espectros de XANES mostraram que as amostras de solo contêm selénio em diferentes graus de oxidação: Se(-II, 0); Se(IV) e Se(VI) (Ryser et al., 2006) .

A presença de Se(-II, 0) no solo é consistente com o facto de existirem selenetos metálicos e orgânicos no xisto da rocha mãe. Pelo contrário, a selenite Se(IV) é formada no solo devido à meteorização e oxidação dos selenetos metálicos. Quanto a Se(VI), não foi detectado solo, embora a um pH de condições alcalinas e oxidantes o selénio seja termodinamicamente estável (Neal et al., 1987).

Nos solos de arroz que passam de condições de redução para oxidação, a solubilidade total da Se, bem como a quantidade de Se(VI) aumentou significativamente. Pelo contrário, nos solos contaminados recuperados no depósito de fosfatos, a ausência de Se(VI) deve-se à lixiviação rápida e à sua chegada aos ecossistemas adjacentes. Foi demonstrado que a pH na gama de 5,5 a 9 de adsorção de selenato pelos solos era insignificante (Neal, Sposito, 1987). Assim, a pH 7,7, uma fixação muito pequena de selenato está associada à entrada de Se(VI) oxidado nas plantas ou lixiviação a partir do perfil.

Em relação à selenite Se (IV), como oxianião, é fortemente adsorvida pela superfície de hidróxidos de ferro a pH inferior a 7, enquanto a um valor de pH mais elevado a sua adsorção é mínima (Balistrieri, Choa, 1987). Consequentemente, um ambiente de solo neutro ou alcalino é favorável para a disponibilidade de selenite às plantas e a sua lixiviação. A absorção de selenite num meio ácido sobre hidróxidos de ferro também depende da presença de outros ânions. Se existirem ânions fortes, tais como fosfatos e ácidos orgânicos em altas concentrações presentes, a competição provocará a migração de partículas de selenito para a fase aquosa, proporcionando a mobilidade da selenite no ambiente (Dhillon, Dhillon, 2003). Com uma elevada concentração de fósforo disponível nos solos recuperados no depósito de fosfatos, a biodisponibilidade da selenite é aumentada.

3.6. COMPOUNDOS DE LÍDER

O chumbo é um metal sobrepesado bastante comum - na crosta terrestre é de 13 mg / kg (Greenwood, Earnshaw, 2008). O número total de minerais de Pb é de 315, a maioria dos quais são calcogenetos. A prevalência significativa de Pb é explicada pelo facto de três dos quatro isótopos naturais de chumbo (com massas 206, 207 e 208) serem os produtos finais estáveis de elementos radioactivos. Dependendo da origem, a composição isotópica do chumbo varia.

O mineral mais importante do chumbo é a galena PbS. Além disso, existem apenas quatro dos principais minerais de PbS na crosta terrestre: Anglesite $PbSO_4$, cerussite $PbCO_3$, pyromorphite $Pb(PO_4)_3$ Cl (Greenwood, Earnshaw, 2008). O conteúdo dos minerais restantes na crosta terrestre é insignificante. Nos minerais formadores de rocha, as plagioclases são enriquecidas ao máximo em argila platina, uma média de 40 mgPb / kg, entre os minerais acessórios o esfeno é de 221 e as granadas de 180 mg Pb / kg. A composição dos minerais de chumbo nos solos difere da sua composição na crosta terrestre. Nos solos, o teor de chumbo varia entre 0,1 e 69.000 mg / kg (Chen, Li, 2018).

No carvão, uma média de 7-18 mg Pb / kg, após a sua combustão, a concentração de Pb nas cinzas é significativamente aumentada. Nos fosforitos, na presença de PbS, o teor de chumbo atinge 225 mg / kg. Entre as rochas, o xisto de chumbo é enriquecido ao máximo: em média, 20-23 mg / kg. A elevada proporção de Pb nos óxidos de manganês (0,3-2%) indica a afinidade do chumbo com o manganês, enquanto nos hidróxidos de ferro é apenas 0,05-0,14% (Ivanov, 1996).

A produção anual de chumbo em países estrangeiros no final da década de 1980 foi de 2,4 milhões de toneladas. O chumbo é amplamente utilizado na economia nacional: na composição de várias ligas, baterias, produtos eléctricos, ópticas, para protecção contra as radiações, para aditivos ao combustível automóvel.

O metal entra no solo durante a extracção de minérios de chumbo, como resíduo da metalurgia, de automóveis que consomem gasolina com um aditivo de chumbo, bem como de aterros sanitários, onde se utilizam acumuladores eléctricos, tintas, ligas metálicas. Um estudo recente da história da queda aérea de Pb nos últimos 12.370 anos, realizado em amostras de turfa pantanosa nas montanhas Jurássicas da Suíça (Shotuk et al., 1998), mostrou que a emissão mais elevada de Pb de 15,7 mg / m^2 por ano é em 1979. Este nível é 1570 vezes superior ao fundo natural, que é de 0,01 mg Pb / m^2 por ano. Após restrições rigorosas à adição de chumbo tetraetil na gasolina introduzidas nos anos 70 nos Estados Unidos e noutros países desenvolvidos, o nível global de contaminação do solo com chumbo foi significativamente reduzido (Brown et al., 1999). Mas excede por ordens de magnitude o fundo natural nas anomalias locais na zona de impacto das minas e instalações metalúrgicas, bem como nos solos urbanos devido à recepção de tintas de chumbo e produtos de combustão de gasolina com chumbo.

O chumbo é altamente tóxico e pertence à primeira classe de perigo. Na Rússia, a concentração máxima admissível para ele é de 20 mg / kg. Mais tarde, foram aceites valores mais suaves de ODC para solos: arenoso - 32 mg Pb / mg, argila ácida - 65 mg Pb / mg, argila neutra - 130 mg Pb / mg. O transporte rodoviário é o principal poluidor do ambiente de chumbo. Há uma opinião de que é com o chumbo antropogénico que o aumento progressivo de Pb clark nos solos está associado. Em 1962, Vinogadov propôs o valor de Clark Pb 10 mg Pb / kg. Os últimos Clarks são mais elevados: em 1979 Bowen propôs o valor de 35 mg Pb / kg, em 1986 Kabatoy-Pendias e Pendias 25 mg Pb / kg, em 1990 Saet e Ovchinnikova já 40 mg Pb / kg (Ivanov , 1996). Segundo Bowen, a quantidade de chumbo nos solos aumentou de 12 mg / kg, na era pré-industrial, para 35 mg / kg na indústria.

Ainda mais significativo é o aumento do conteúdo de chumbo nos solos das grandes cidades. Assim, nos solos dos parques de São Petersburgo, durante 40 anos, de 1940 a 1982, o teor de chumbo aumentou de 4-17 para 78- 162 mg / kg (Ivanov, 1996). Em parques urbanos de outros países, com tráfego mais intenso, o actual teor de chumbo é ainda mais elevado: nos EUA para 15240, no Canadá - 880 mg Pb / kg. Mais solos (mais de 100 mg Pb / kg) na Dinamarca, Irlanda, e Grã-Bretanha. Na zona de influência das empresas industriais, a poluição dos solos com chumbo atinge um nível muito elevado. Perto das empresas de processamento secundário de sucata colorida uma média de 2470 mg Pb / kg, processamento de ligas metálicas não ferrosas - 1610 mg Pb / kg, produção de pilhas - 560 mg Pb / kg é encontrada nos solos (Ivanov, 1996). É especialmente importante que, a uma distância de fontes de poluição com uma diminuição do conteúdo total de Pb, o número de formas móveis continue a ser significativo. Tais anomalias de formas solúveis de Pb estendem-se a uma distância de até 10 km de fontes de emissão poderosas. Em algumas áreas de influência tecnológica activa, o conteúdo de chumbo nos solos atinge um nível catastrófico, por exemplo, nas antigas regiões mineiras da Inglaterra - 21540 mg Pb / kg. Nas áreas de extracção de metais não ferrosos em diferentes países, é também grande: nos EUA - 1300, em Inglaterra - 4500, na ex-URSS - 3040 mg Pb / kg. Nos solos próximos das empresas metalúrgicas ainda mais elevados: nos EUA - 6500, no Canadá - 12000, na

Grécia - 18500 mg Pb / kg (Ivanov, 1996).

A composição das formas de Pb varia muito, o que explica a diferença na sua biodisponibilidade em paisagens geoquímicas. A compreensão da relação entre a forma química e a biodisponibilidade de um elemento só é possível após a identificação completa, precisa e directa das formas Pb nos solos e nas lixeiras de minério. Para o conseguir, foram utilizadas técnicas de raios X sincrotrão (Cotter-Howells et al., 1994; Manceau et al., 1996; Ostergren et al., 1999; Morin et al., 1999). Os métodos de extracção química não só não nos permitem estabelecer o tipo de ligação de Pb com matéria orgânica, como até revelar o conteúdo aproximado de compostos Pb-orgânicos no solo. Esta informação só pode ser obtida com a utilização da espectroscopia de absorção de raios X. O chumbo é o primeiro metal super-pesado de solos contaminados, cujas partículas foram estudadas em 1994 pela espectroscopia EXAFS. Estudos de Pb por radiação sincrotrónica de raios X já encontraram aplicação prática, reduzindo o custo do trabalho e melhorando a eficácia da recuperação do solo. Abaixo consideraremos com mais detalhe as formas de chumbo nas anomalias geoquímicas tecnogénicas em França e nos EUA.

Como exemplo, considere os solos contaminados na zona de Evin-Malmison, norte de França. A fracção de lodo (<2 pm) dos solos florestais e aráveis foi estudada pela espectroscopia EXAFS. O solo florestal contém 6,4% de Corg e tem um meio de reacção ligeiramente ácido (pH 5,5). Acredita-se que na fracção sedimentosa Pb está incluída na composição dos minerais ou classificada como um forte complexo intrasférico na superfície dos minerais. Mas no exsudado deste solo uma proporção considerável de Pb está concentrada em complexos da esfera exterior (~ 40%), este chumbo é extraído por um extracto fraco de 1 M CaCl2. Segundo a espectroscopia EXAFS, a matéria orgânica desempenha um papel importante na fixação da Pb (Morin et al., 1999). O espectro EXAFS da fracção de exsudado é aproximado por uma mistura de 80% Pb-humate e 20% Pb adsorvida em goetite (Figura 19A). A dominância de Pb-humates indica as ligações do metal com as estruturas aromáticas da matéria orgânica. Obviamente, a matéria orgânica, cobrindo a superfície das partículas minerais, impede que Pb as adsorva no solo de húmus da floresta (Morin et al., 1999).

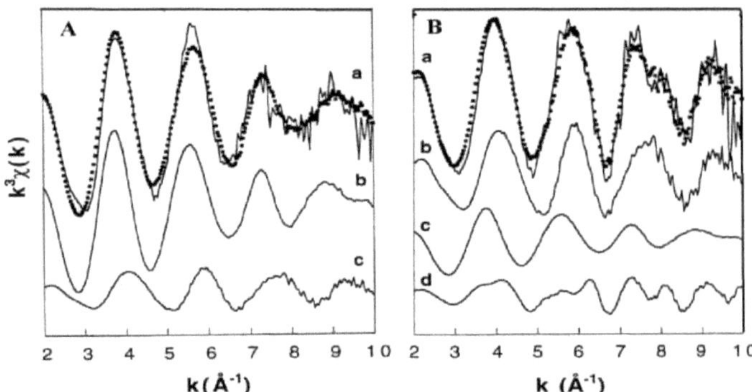

Fig. 30. Espectros EXAFS de átomos de Pb na fracção argilosa (<2 pm) do solo de Evin-Malmison, norte de França. A - solo florestal: a - espectro experimental (linha sólida) e modelo (pontos); b - 80% de Pb-humate; com - 20% de Pb adsorvido em goetite. B - solo arável: a - espectro experimental (linha sólida) e modelo (pontos); b - 45% de Pb adsorvido sobre goetite, com - 35% de Pb- humate; d - 20% de Pb adsorvido sobre bernesite (Morin et al., 1999).

O solo arável contém 1,5% de Corg e tem um meio de reacção neutro (pH 7,5). Aqui a situação é diferente. A falta de Pb nos complexos da esfera exterior é indicada pela ineficácia do extracto 1M de CaCl2. A melhor aproximação do espectro EXAFS foi alcançada para uma mistura compreendendo 45% de Pb adsorvido em goetite, 35% de Pb-humate, e 20% de Pb adsorvido em dioxido-bernesite de manganês. O ligeiro envolvimento da bernesite é explicado pelo seu grande tamanho (2-50 pm), em resultado do qual o mineral cai principalmente na fracção de poeira.

O solo neutro não é encontrado. O teor moderado de Pb-humates (35%) é consistente com o baixo teor de húmus do solo. O extracto de pirofosfato foi considerado ligeiramente selectivo, para além do Pb-humatos, também extraiu chumbo adsorvido por óxidos de manganês, conforme determinado pela mudança na natureza do espectro EXAFS da fracção argilosa (Morin et al., 1999). Assim, vários compostos de chumbo são formados nos solos; a sua composição e quantidade variam muito nos solos florestais e aráveis, diferindo no seu grau de teor de húmus.

Vamos dirigir-nos a lixeiras de minas de chumbo na área de Leadville no Colorado, EUA. Nesta região, as empresas da indústria mineira e metalúrgica há mais de 130 anos que poluem a paisagem com resíduos, incluindo resíduos de rocha e escórias. A anomalia geoquímica formada em 1983 foi listada como perigosa na Lista Nacional de Prioridades dos EUA. A composição da rocha em dois montes foi estudada em pormenor pela espectroscopia EXAFS: Hems e Apache (Morin et al., 1999). O conteúdo bruto de Pb nas lixeiras varia de 6.000 a 10.000 mg / kg (Ostergren et al., 1999), o que é perigoso para a saúde humana e para o ambiente. Mas a biodisponibilidade e a mobilidade química de Pb na anomalia geoquímica são diferentes e pouco correlacionadas com o teor total de chumbo.

Na fracção de sedimentos da rocha Hemms domina o trigo de chumbo adsorvido em partículas de goetite (53%) e, além disso, 27% da Pb está concentrada em piromorfito $Pb_5 (PO)_{43}$ e 8% em hidrocercussite $Pb_3 (CO)_{32}$. Devido ao ambiente neutro da pilha de Hems (pH 6,8), o chumbo adsorve nas partículas de goetite sem formar fases cristalinas com elas. EXAFS- espectroscopia provou a adsorção de Pb na superfície dos minerais e a dependência da estabilidade do chumbo de ligação em relação ao pH.

A situação é diferente no lodo ácido Apache, onde a parte principal de Pb (85%) está concentrada no plumbumarosite $Pb[Fe_3 (SO_4)_2(OH)]_{62}$ na fracção de lodo da rocha. Além disso, existe uma pequena quantidade (10%) de $PbFe O_{47}$ plumbumarosite. Assim, num meio ácido enriquecido em sulfuretos, o chumbo forma fases cristalinas com Fe. Em objectos de baixa humidade, a proporção de chumbo adsorvida por hidróxidos de ferro e óxidos de manganês excede o U bruto (Morin et al., 1999).

Em solos altamente húmicos contaminados, a baixa mobilidade do chumbo é explicada pela formação de complexos orgânicos estáveis Pb^{2+} -organic complexes, mas o tipo destes complexos não era claro antes de se utilizar a espectroscopia EXAFS. Manso et al. (Manceau et al., 1996) estudaram a estrutura química dos compostos de chumbo em solos de relvados urbanos contaminados com partículas tetraalquílicas de chumbo utilizadas como aditivo à gasolina. Dado que as partículas alquílicas têm uma meia-vida de apenas algumas horas, Pb é rapidamente ligado por partículas do solo, principalmente moléculas orgânicas. A análise dos espectros EXAFS mostrou que o espectro do solo dos solos relvados difere nitidamente dos espectros de Pb com carboxilatos (Fig. 20). Ao mesmo tempo, foi obtido um bom acordo com o espectro do solo para uma mistura de 60% Pb-salicilato e 40% Pb-pirocatecol. Apesar da elevada proporção de grupos carboxílicos na matéria orgânica dos solos,

Anteriormente, a questão da relação entre o chumbo e o "húmus de água" era estudada por hidroquímicos. Eles estabeleceram nas águas uma baixa proporção de Pb, associada com ácidos fúlvicos (Linnik, Nabivanets, 1986). Provavelmente, a ligação do Pb com grupos aromáticos estabelecidos com a ajuda da espectroscopia EXAFS indica o papel significativo dos humates na fixação do metal. O chumbo é estável em solos orgânicos, onde o prazo médio da sua conservação é estimado de centenas a milhares de anos (Heinrichs, Mayer, 1977).

3.7. COMPOSTOS DE MERCÚRIO

O teor de mercúrio na crosta terrestre é baixo - 0,08 mg / kg. O mercúrio é um metal mineralógico: existem mais de 60 dos seus minerais, sobretudo (22) calcogenetos. Os principais minerais na crosta terrestre são o cinábrio a-HgS e o metacinábrio P-HgS. Os seus depósitos estão localizados ao longo da linha da antiga actividade vulcânica. O papel significativo da metacinnabarite está associado ao papel estabilizador do Cd, que expande acentuadamente o campo de estabilidade deste mineral. Além disso, o mercúrio é encontrado como uma impureza em outros minerais. O melhor concentrador de mercúrio é a esfalerite. No esfalerite dos depósitos de mercúrio, o teor de Hg atinge 630 mg / kg. Concentrações elevadas de Hg em pirita e galena - até 160 mg / kg (Ivanov, 1997).

Em soluções aquosas, o mercúrio migra sob a forma de sulfato e sais de cloreto, bem como de complexos orgânicos. Em condições de clima seco e quente com um aumento do teor de cloretos numa solução aquosa, a dissolução dos sulfuretos de mercúrio prossegue de forma intensiva. Na zona de hipergénese, o mercúrio apresenta propriedades manganófilas.

Observou-se um elevado, por vezes até elevado, teor de mercúrio no carvão: até 27 mg / kg. Nos fosforitos e minérios de manganês, o teor de mercúrio era de até 1 mg / kg.

O papel mais importante na activação do comportamento do Hg é desempenhado pelos compostos orgânicos. A forma metilada é de importância decisiva na geoquímica do mercúrio, a escala global do envenenamento dos solos e da água está associada ao processo de metilação. O Clark mundial de mercúrio nos solos é de 0,12 mg / kg. A acumulação de mercúrio nos solos está associada ao teor de matéria orgânica, ferro e enxofre. O elevado teor de Hg é típico dos solos de arroz (média 0,3 mg / kg), histossolos (0,4 mg / kg) e baixo em podzóis e solos arenosos, 0,05 mg / kg (Ivanov, 1997).

O conteúdo de Hg em solos contaminados é significativamente mais elevado: em solos urbanos em Inglaterra atinge 15, Canadá - até 1,1, Japão - até 2,4 mg Hg / kg (Ivanov, 1997). Quando a água de esgotos é tratada, a concentração de Hg nos solos holandeses atinge 10 mg / kg. Teor muito elevado de Hg em fertilizantes preparados a partir de resíduos sólidos domésticos. Em dois anos de processamento de xisto betuminoso em solos numa área de 100 km2, o teor de mercúrio aumentou para 50 mg / kg. Nos solos da zona industrial de Temirtau, a concentração de Hg chega a 375 mg / kg (Ivanov, 1997). O mercúrio é um poluente extremamente perigoso no ambiente, devido à sua toxicidade e bioacumulação na cadeia alimentar. Os locais contaminados com Hg são perigosos para a saúde humana (Kingetal., 2002).

O mercúrio entra no ambiente de várias maneiras: com processos geológicos globais devido à desgasificação natural da crosta terrestre e dos percursos feitos pelo homem. O mercúrio entra no solo a partir de muitas fontes, incluindo a produção industrial e a produção de papel, a partir dos locais de eliminação de resíduos de minério de ouro e minas de mercúrio. Outras fontes de mercúrio são a produção metalúrgica e química, a queima de combustíveis e resíduos, o processamento de minério de ferro, manganês, matérias-primas de fosforito (Mason et al., 1996; Gray et al., 2000; Kim et al., 2000; Rytuba, 2000; Munthe et al., 2001; Domagalski, 2001; Sladek, Gustin, 2003).

Para a previsão da solubilidade, condições de transporte e biodisponibilidade potencial, é necessário conhecer as formas de mercúrio.

Os métodos de estudo das formas de mercúrio ao longo do tempo tornam-se mais complexos. Começámos com uma análise visual das fases contendo mercúrio, seguida pelos métodos de extracção química sucessiva, dessorção de temperatura sucessiva, microanálise de electrões, e finalmente utilizando a técnica não destrutiva de espectroscopia EXAFS para solos muito sujos (mais de 100 mg / kg). Para os solos de fundo e muitos solos ligeiramente sujos, o método de extracção química sequencial continua a ser apropriado.

Considerar uma extracção química sequencial de partículas contendo mercúrio, realizada de acordo com Bloom et al. (Bloom et al., 2003). O esquema inclui 5 fases e baseia-se num aumento gradual da força dos estrogénios, que dissolvem cada vez mais e mais compostos estáveis de mercúrio. A massa da amostra é de 0,4 g, a solução: a proporção da amostra é 100 : 1, a suspensão é agitada durante 18 horas à temperatura ambiente. É então centrifugada e o sobrenadante filtrado através de um filtro de 0,2 pm, seguido da determinação do teor de mercúrio da solução.

A extracção química fornece informações sobre a natureza da distribuição de formas condicionais de mercúrio nos solos e tem uma sensibilidade suficientemente elevada (0,5 mg / kg), o que permite revelar o grau de contaminação do solo. Mas, como no caso de qualquer técnica simples, o método de extracção química sequencial tem os seus inconvenientes. Entre elas, a possível transformação das partículas de mercúrio durante a extracção, a remoção não específica das fases de Hg durante as sucessivas etapas de extracção (Barnet et al., 1997). Quanto a outros elementos, a extracção química, separando operativamente as partículas de mercúrio por solubilidade, não é capaz de as identificar com precisão.

Devido a estas limitações, o método de extracção sequencial é útil para combinar com outros tipos de análise, particularmente de preferência com a análise de raios X sincrotrão. A análise EXAFS mostrou a sua eficácia a uma concentração total de mercúrio > 100 mg / kg; a precisão da análise é de cerca de 10% (Kim et al., 2000).

Uma comparação das duas técnicas foi aplicada a amostras com um teor de Hg de 132 a 7,539 mg / kg. Foram analisadas as cinzas volantes da produção de fundição de cobre, uma mistura de várias fases padrão de Hg com caulinite, 3 tipos de resíduos de minas de ouro e depósitos marinhos (Kim et al., 2003). A espectroscopia EXAFS permite distinguir os sulfuretos de HgS (cinabar de matatsinnabarite), embora não se possam distinguir por fraccionamento químico, devido à mesma solubilidade pela vodka real. Das fases facilmente solúveis do Hg, o sulfato de mercúrio é identificado como Hg S O$_{324}$, bem como o óxido de HgO não identificado pelos extractos.

3.8. COMPOSTOS DE URÂNIO

A contaminação em massa com urânio começou após a Segunda Guerra Mundial, quando começou a ser amplamente utilizada na energia nuclear e para a produção de armas nucleares. Uma grande quantidade de urânio foi libertada para o ambiente. O perigo químico e de radiação do urânio é bem conhecido. O minério e o urânio processado, bem como os resíduos do seu enriquecimento, poluem os solos e as águas subterrâneas do solo (Perelman, Kasimov, 1999). Especialmente perigosa é a entrada do urânio nas águas subterrâneas, e com elas nos rios e lagos, onde é capaz de prejudicar directamente a saúde humana.

Na crosta terrestre, o urânio clark é de 2,3 mg / kg (Greenwood, Earnshaw, 2008). Nos solos de urânio, o teor de urânio varia de 0,7 a 10,7 mg / kg (Kabata-Pendias, 2011). O teor de urânio nas províncias de urânio é muito mais elevado do que nas empobrecidas. Assim, na depressão Issyk-Kul o teor de urânio é de 5,8-10,7, e na sinéclise de Kursk é apenas 0,5-0,8 mg U $/^{k}$ g. 238 A concentração de 2^{38} U nos solos de tundra dos Urais polares varia muito (Shuktumova, 1983). Por exemplo, nos solos de sod-gley contém 0,2-0,9 mg / kg, no sod-0,2-4,7 mg / kg, e nos solos de peat-gleyey sobe para 2,3-33 mg / kg, ou seja, acima do nível médio. Este último é devido ao enriquecimento do urânio pela rocha mãe e à influência da demolição deluvial.

As diferenças no teor de urânio nos solos americanos estão associadas não tanto ao tipo de solos mas à composição granulométrica: em solos leves, a sua quantidade diminui para 0,3 mg / kg, em solos pesados aumenta para 10,7 mg / kg (Ivanov, 1997).

Em média, o solo na Grã-Bretanha contém 2,6, Canadá - 1,2, Polónia - 0,79, Índia - 11 mg U / kg. O teor médio de urânio nos solos da zona temperada é de 2 mg / kg (Ivanov, 1997). Os solos da zona húmida estão marcadamente empobrecidos em urânio em comparação com a rocha mãe (Ivanov, 1997). Nos solos da tundra, em média, 0,51,0 mg U / kg estão contidos na zona gley, bog-podzolic e bog-podzolic. Nos solos de planície sod-podzólicos e criogénico-taiga das florestas, o teor de urânio aumenta ligeiramente para 1-2 mg U / kg. Nas montanhas nos solos criogénicos-taiga, aumenta para 1-3 mg U / kg. Em paisagens húmidas, o urânio acumula-se localmente em barreiras de redução e sorção e em solos de composição granulométrica pesada.

Os solos das zonas semi-áridas e áridas são mais ricos em urânio, visto que apenas 20-30% do urânio litogénico inicial é lixiviado das mesmas (Ivanov, 1997). A migração reduzida do urânio está associada a uma mineralização crescente e a uma reacção neutra alcalina da água subterrânea do solo. Nas águas subterrâneas, o teor de urânio varia muito: de 0,1 a 2000 pg / l. Nos solos de fundo da zona temperada, o teor de urânio na água é geralmente baixo. Nas águas subterrâneas da bacia dos rios Moscovo e Vazuza, encontra-se uma média de 3-3,7 pg U / l (Ivanov, 1997). Valores elevados estão associados à manifestação da mineralização do urânio ou causados pela poluição causada pelo homem.

Os minerais de urânio nos solos são herdados da rocha mãe. Entre os minerais mais importantes: uraninite UO_2 ou mais precisamente U O_{38} , carnotita $K_2(UO_2)_2(VO_4)_2\text{-}3H_2O$, caixão $U(SiO)_{41-x}(OH)_{4x}$. Observam-se concentrações elevadas de urânio em torianite, torite, fosforite, monazite, xenotime, umboserite, cerianite, zircónio, loparite, apatite (Ivanov, 1997).

O urânio tem uma valência variável; os principais estados de oxidação são +4 e +6. Isto determina a sua sensibilidade às condições ambientais redox. Em condições de oxidação, o urânio forma compostos altamente móveis (Perelman, Kasimov, 1999). Num ambiente redutor, o U^{4+} é oxidado a um óxido de uraninite estável UO_2. Isto determina o comportamento diferente do urânio nos solos.

Em condições oxidativas, os complexos de sulfato de urânio dominam numa solução aquosa com pH > 3. Como o pH é aumentado, as partículas de U(VI) já predominam na estrutura de complexos carbonatados fortes, sabe-se que aumentam a solubilidade dos compostos de urânio. Em condições de redução, a pH > 2, formam-se partículas U(OH) 4 mesmo na presença de carbonatos e sulfuretos dissolvidos (Krupka, Serve, 2002).

Num ambiente oxidante e ácido, o urânio é facilmente lavado. Os ligantes orgânicos (húmus) contribuem para a dissolução do U(IV) mesmo num ambiente redutor, sendo os ácidos húmicos mais activos que os ácidos fúlvicos (Luo, Gu, 2009).

Todos os isótopos de urânio são radioactivos, que são utilizados para gerar energia em centrais nucleares e para criar armas nucleares. A este respeito, após a Segunda Guerra Mundial, o urânio foi extraído em grandes quantidades. Anteriormente, o urânio, como elemento desnecessário, era atirado para lixeiras. Isto foi feito no início do século XX. quando se desenvolveu a mina de Co-Ag-U na Checoslováquia (Ivanov, 1997). A extracção maciça de minérios de urânio e o seu processamento resultou em graves problemas ambientais. Como resultado da prospecção e extracção, enormes volumes de rochas contendo urânio são extraídos das entranhas e armazenados como lixeiras. Por outro lado, as minas abertas gastas após as inundações tornam-se uma fonte de contaminação com urânio de águas subterrâneas. Uma parte significativa do urânio produzido pelo homem está contida em fertilizantes fosfóricos, que está associada ao enriquecimento dos depósitos de fosfatos pelo metal (Malenkina, Savichev, 1994). Como resultado, o urânio acumula-se em vários fertilizantes fosfóricos. A acumulação de urânio nos solos é também facilitada pela utilização de fosfogesso contendo uma média de 9,8 mg U / kg (Gorbunov et al., 1992) como ameliorante de solonetzes. A introdução generalizada de fertilizantes fosfóricos levou ao enriquecimento dos solos aráveis nos Estados Unidos, onde o seu conteúdo no seu conjunto era duas vezes superior ao dos solos naturais (Ivanov, 1997). Nos solos fertilizados com fosfatos na Alemanha, o teor de urânio aumentou 1,3 mg / kg durante 40 anos (Taylor, 2007).

Uma fonte significativa de urânio produzido pelo homem são as emissões de centrais termoeléctricas que queimam carvão. A concentração de urânio em alguns tipos de carvão excede 20 mg / kg, após a sua queima a quantidade de U nas cinzas aumenta de 5-10 vezes. O conteúdo de urânio nos xistos combustíveis é ainda mais elevado. O carvão e as cinzas de xisto tornam-se uma fonte de poluição pelo urânio no ambiente nos locais de armazenamento de cinzas perto de grandes centrais termoeléctricas. A fonte de urânio feito pelo homem são lixeiras de rochas que contêm urânio, uma vez que o urânio delas pode entrar no solo e na água. Por exemplo, como resultado da prospecção no Aldan Central na Yakutia do Sul, mais de 1 milhão de toneladas de rochas contendo urânio com um teor total de urânio de cerca de 2.000 toneladas foram extraídas das entranhas e despejadas ali (Burtsev et al, 2005). Em Yakutia, a uma distância de 500 m de uma das lixeiras localizadas no solo aluvial da composição leve, o teor de urânio na camada superior de 0-14 cm atinge 500-1000 mg / kg, com um valor de fundo de 3 mg / kg (Chevychelov, Sobakin, 2007).

Os resíduos líquidos das empresas mineiras e hidrometalúrgicas são especialmente perigosos, o seu volume atinge 0,5-5,0 m^3 por tonelada de minério de urânio com 0,3-10 mg U / l em águas residuais (Ivanov, 1997). Consequentemente, as lixeiras de rochas contendo urânio exigem uma atenção acrescida dos cientistas-ecologistas do solo.

A monitorização deve estender-se a terrenos próximos de plantas militares. No território da planta que produz plutónio (EUA), como resultado da ruptura da madeira de celulose, ocorreu a contaminação do solo com urânio. O conteúdo em U no extracto de água do solo atingiu 600* 10^{-3} g / l, enquanto no fundo das águas subterrâneas foi apenas 0,2-2,5И0^{-3} g / l (McKinley et al., 2006). Os solos urbanos podem ser marcadamente contaminados com urânio. Isto é estabelecido para os solos de Tomsk (Zhornyak, 2009). A análise de 204 amostras de solo mostrou um teor médio de 2,4 mg U / kg a uma concentração de fundo de 0,5 mg U / kg.

A contaminação química do solo com urânio torna-se perigosa se a norma for ultrapassada, por exemplo, 5 mg / kg de acordo com as normas alemãs (Lyubimova, Borisovichkina, 2007). Nos documentos domésticos, o conteúdo de urânio nos solos, infelizmente, não é normalizado. Na Rússia, para elementos sem MPC / ODC, é utilizado o critério empírico MPC = 4 - Background (Relatório do Estado ..., 2008).

De acordo com os dados da extracção química sucessiva, o urânio é encontrado no urânio sob as seguintes formas: solúvel em água, permutável, sob a forma de um cátion de urânio com Cl, matéria orgânica e precipitação de U numa forma reduzida (Elless et al., 1997; Filgueiras et al., 2002). As desvantagens da extracção química na identificação de compostos de metais pesados nos solos são bem conhecidas: esta é principalmente uma baixa selectividade dos reagentes. Isto também se aplica à identificação de compostos de urânio. Mas com o advento dos sincrotrões de terceira geração, o problema da identificação de compostos de elementos raros foi resolvido (Catalano, Brown, 2004; Henning et al., 2005; McKinley et al., 2006; O'Loughlin et al., 2010; Ulrich et al., 2006) .

Uma vez que o comportamento do urânio é fundamentalmente diferente consoante o grau de oxidação, o estabelecimento da sua valência numa amostra não perturbada é uma tarefa importante. Devido à alta sensibilidade da técnica sincrotrónica, a diferença nas posições dos espectros de U(VI) e U(IV) é muito significativa e pode ser facilmente decifrada. Utilizando a espectroscopia EXAFS, são determinados os principais compostos de urânio nos solos. A espectroscopia EXAFS pode detectar partículas contendo urânio em uranilo, complexos carbonatados, fosfatos, urânio, hidróxido de ferro sorvido, vermiculite, e outros silicatos em camadas (Ulrich et al., 2006).

Complexos solúveis com vários ânions, incluindo flúor (F^-), cloreto (Cl^-), carbonato (co_3^{2-}), sulfato (so_4^{2-}), fosfato ($H_x PO_4^{(3-x)}$), silicato (SiO_4) e acetato ($CH3COO^-$) (Vodyanitskii, 2011). Embora no ambiente oxidante o urano migre livremente, é capaz de ganhar uma posição de apoio quando existem adsorventes activos no sistema. Entre eles, o ferro, compostos de manganês que precipitam formam géis reactivos que sorvem urânio e precipitam com ele (Bruno et al., 2002). O urânio é sorvido por óxidos de outros metais, aluminosilicatos e carbonatos (McKinley et al., 2006). A sorção depende do pH (aumentando com o seu aumento), actividade do U(VI) na solução, quantidade de sítios de sorção, composição iónica da fase líquida.

Entre os sorbentes de urânio, o primeiro lugar é ocupado pelos hidróxidos de ferro. Por conseguinte, os investigadores prestam-lhes grande atenção em águas poluídas. Em particular, isto refere-se a minas que contêm urânio ácido. Além do ferro, contêm geralmente muitos sulfatos que formam complexos hídricos e $UO_2(SO_4)^{2+}$ (Majzlan, Myneni, 2005; Walter et al., 2003). Nas águas das minas, a oxidação de Fe(II) a Fe(III) é catalisada pelo metabolismo activo dos microrganismos *Acidithiobacillus ferrooxidans*. Os hidróxidos de ferro biogénicos recém-formados incorporam na sua estrutura ou adsorvem nos seus elementos tóxicos superficiais. Em águas de drenagem ácida, a oxidação microbiana do ferro e a neutralização da acidez levam primeiro à precipitação de sulfatos e depois hidróxidos na sequência: jarosite $KFe_3(SO_4)_2(OH)_6$, shvertmanite $Fe_8O_8(OH)_6SO_4$, ferrihidrite $2Fe_2O_3 \cdot FeOOH \cdot 4H_2O$, goethite $\alpha FeOOH$ ou lepidocrocite $\gamma FeOOOH$. Estas reacções limitam a mobilidade do urânio nos solos.

Os outros portadores de urânio também têm significado. Entre eles, um gel de silicone amorfo ao qual o catião tem uma forte afinidade a pH 4-7 (Moll et al., 1998). De acordo com os dados da espectroscopia EXAFS, o urânio forma complexos mononucleares intrasféricos com tetrahedra de silicato. Quando o urânio é sorvido por gel natural de Si-Al-Fe, observa-se uma sequência definida. Inicialmente, o U(VI) é complexado por silício ou alumínio, e depois estes complexos são capturados por hidróxidos de ferro durante a precipitação (Allard et al., 1999).

Os cientistas prestam grande atenção ao papel do carbonato, como componente normal das águas subterrâneas, afectando o destino do uranilo num ambiente oxidante (De Jong et al., 2005). Complexos como $Ca_2UO_2(CO_3)_3$ e UO_2 impedem a adsorção de uranilo na superfície dos minerais a pH > 7 (Wazne et al., 2003). Mas o carbonato dissolvido também pode formar um complexo forte na superfície dos hidróxidos de ferro. Este complexo de superfície como resultado de uma interacção competitiva entre carbonato e carbonilo é de particular interesse. Forma-se um complexo triplo de hidróxidos de ferro-U(VI)-carbonato, que limita a migração do urânio no meio oxidante numa vasta gama de pH (Bargar et al., 1999). Apesar da prevalência de complexos móveis de uranil-carbonato e Ca-uranil-carbonato na água, a capacidade dos colóides ferruginosos para fixar U(VI) não diminui. A pH 6-7, as partículas de ferrihidrita agregam-se, e depois fixam-se sob a forma de películas e crostas em partículas minerais. A adsorção de urânio (VI) não é inibida quando o teor de carbonatos na água é de até 0,68 mM. A adsorção de urânio (VI) aumenta com o pH da solução.

Em conclusão, consideraremos estudos destinados a resolver um problema ambiental causado pela inundação de minas de urânio abandonadas na Alemanha Oriental (Ulrich et al., 2006). Um papel significativo é desempenhado pelas barreiras naturais de adsorção, que podem reduzir a mobilidade do urânio. Num ambiente oxidante, a fixação do urânio ocorre devido à sua sorção por hidróxido de ferro - ferrihidrite. Ao mesmo tempo, o U(VI) é incluído na estrutura do ferrihidrita devido a complexos de sorção intrasférica (Elles et al., 1997). Uma vez que o uranilo com duas ligações de oxigénio é incompatível com a estrutura local dos hidróxidos de ferro, é fixado numa pequena quantidade: a razão molar U / Fe <0,004. Estes dados do modelo são consistentes com a quantidade real de fixação de U por hidróxidos de ferro nas minas de urânio da Alemanha Oriental (Ulrich et al., 2006).

CAPÍTULO 4
CONTAMINAÇÃO POR METAIS PESADOS EM SOLOS DE GEORGIA
4.1. SITUAÇÃO GERAL

Na Geórgia, cerca de 250.000 t/a de fertilizantes (250kg/ha/a) e cerca de 29.000 t/a de pesticidas foram utilizados no final da década de 1980. Após a desintegração da União Soviética, o uso de fertilizantes diminuiu para cerca de 10 t/ha/a em 1994. No entanto, a contaminação do solo com metais pesados resultante da utilização destes químicos ainda não desapareceu devido à sua retenção nos solos. Além disso, como em toda a antiga União Soviética após 1991, houve uma importação e utilização descontrolada de produtos químicos agrícolas que foram proibidos noutras partes do mundo (por exemplo, DDT), levando a uma poluição descontrolada das terras agrícolas.

Do mesmo modo, na região de Imereti na Geórgia ocidental, a contaminação com metais pesados foi estudada para diferentes tipos de solo ao longo de vários vales fluviais, que são considerados como as principais vias de escoamento de metais pesados (Urushadze et al., 2007). Aqui, as concentrações de Cu, Cd, Mn, Ni, Pb e Zn excedem os valores de fundo.

Os solos são poluídos por metais pesados ao longo das estradas principais:

Ozurgeti - Kobuleti - intensidade do tráfego 10 000 veículos por 24 h

Os solos são poluídos por metais pesados: Mn - on50m, Cu - 5m, Pb - 5m, Ni - 2m,Zn - 25m ao longo da estrada

Tbilisi - Marneuli- intensidade do tráfego 13 000 veículos por 24 h

Os solos são poluídos por metais pesados: Mn - on25m, Cu - 10m, Pb - 25m, Ni - 5m,Zn - 10m ao longo da estrada

Tbilisi -Mtskheta- intensidade do tráfego 24 000 veículos por 24 h

Os solos são poluídos por metais pesados: Mn - on50m, Cu - 20m, Pb - 20 - 100m, Ni - 15m,Zn - 20-100m ao longo da estrada

Mtskheta -Igoeti- intensidade do tráfego 18 000 veículos por 24 h

Os solos são poluídos por metais pesados: Mn - on50m, Cu - 20 - 100m, Pb - 20-100m, Ni - 20m,Zn - 20-100m ao longo da estrada

Gori - Khashuri- intensidade de tráfego 18 000 veículos por 24 h

Os solos são poluídos por metais pesados: Mn - em 100m, Cu - 20 - 100m, Pb - 20-300m, Ni - 15m,Zn - 20-100m ao longo da estrada

Entre as fontes industriais responsáveis pela poluição por metais pesados, uma das fontes mais importantes está localizada na Geórgia ocidental. Recentemente, foi avaliado o seu impacto na contaminação por cinco metais pesados (Cd, Cu, Mn, Pb e Zn), que se encontram geralmente dispersos em diferentes ambientes, especialmente nos solos da região de Imereti. De acordo com os resultados dos estudos, a influência da fábrica Zestaponi FerroManganese sobre a poluição da região é considerável. As concentrações dos metais pesados estudados (Cd, Cu, Mn, Ni, Pb, Zn) nos solos estão a diminuir gradualmente na direcção oriental, desde a fonte de poluição até à cadeia montanhosa Likhi. No entanto, a diminuição das concentrações é diferente para os diferentes elementos (Ghambashidze et al, 2007).

A análise mostrou que o conteúdo de Mn nos solos, que pode ser tomado como um bom indicador da influência da fábrica devido ao maior percentil de Mn nos exaustores da fábrica, está correlacionado com Cd (r=0,370, p=0,01), Pb (r=0,754, p=0,01) e Ni (r=313, p=0,05). Mn está negativamente correlacionado com Cu (r=- 0,351, p=0,01). A correlação de Mn com Zn é negligenciável. De acordo com análises estatísticas, a fábrica de FerroManganês parece estar mais associada à contaminação de Cd, Mn, Ni e Pb e menos ou não relacionada com o conteúdo de Cu e Zn nos solos da área de estudo (Ghambashidze et al, 2007).

Para avaliar a possível toxicidade, são estabelecidas as concentrações máximas admissíveis (MPC) dos metais pesados. As concentrações máximas admissíveis de substâncias tóxicas são calculadas com base em considerações de risco, onde o "risco" tem geralmente o significado da extensão de um efeito adverso, quantificado de acordo com as suas dimensões. Infelizmente, os MPC específicos de cada país ainda não estão definidos para a Geórgia, tendo em consideração as condições locais, o que cria dificuldades para a monitorização e avaliação da poluição do solo. Além disso, dos seis metais apresentados só foi possível estabelecer as concentrações máximas admissíveis para os dois elementos Mn e Pb) (Ghambashidze et al, 2007).

Os resultados da investigação foram comparados com os CPM e os valores-guia definidos pela legislação georgiana. A comparação mostra que a concentração de Cu, Mn e Pb nos solos da região de Imereti excede os valores MPC e valores-guia em algumas amostras. Outros metais encontram-se na gama recomendada (Ghambashidze et al, 2007).

Num outro estudo realizado na Geórgia ocidental, a concentração de metais pesados (Cd, Cr, Cu, Mn, Ni, Pb, Zn) nos solos sob vegetação natural foi estudada e avaliada com base em valores de base calculados especificamente para a região, utilizando dois métodos diferentes. Em comparação com o limite superior dos valores de base para o teor de Cr demasiado elevado em 50% das amostras, seguido de Mn - 48,15%, Zn - 46,30%, Ni - 29,63%, Pb - 28,25% e Cu - 22,22%. Com base nesta comparação é possível discutir riscos potenciais para cada elemento nos solos da região do estudo, que podem ser causados por conteúdos geogénicos ou por impactos antropogénicos, embora não seja o caso das parcelas agrícolas, onde a actividade humana provoca uma concentração elevada de alguns metais (Ghambashidze, 2009).

Tabela 1... Concentração de metais pesados nos solos (0-10 cm) da região de Imereti, mg/kg (G. Ghambashidze, 2012)

Soil_Name	Cu	Mn	Ni	Pb	Zn
Yellow brown forest	39.40	1325.00	25.80	9.60	80.00
Raw humus calcareous	37.40	1185.00	20.50	8.30	76.30
Raw humus calcareous	66.40	617.50	54.80	15.70	66.90
Raw humus calcareous	100.80	735.00	57.30	9.10	77.50
Yellow brown forest	114.60	1347.50	41.50	13.50	89.40
Alluvial calcareous	43.30	1265.00	66.30	14.00	82.50
Alluvial calcareous	37.80	1948.80	44.30	6.50	90.60
Raw humus calcareous	47.00	1295.00	39.30	4.60	40.90
Raw humus calcareous	31.80	1215.00	63.30	8.70	60.00
Yellow soils	39.91	1988.13	54.88	24.52	57.87
Yellow soils	34.91	5163.67	49.88	43.47	76.79
Yellow soils	39.89	3065.64	37.39	29.72	52.86
Yellow soils	22.46	1384.55	19.96	26.73	63.64
Alluvial calcareous	24.95	2191.33	27.44	22.78	49.65

Alluvial calcareous	34.91	1683.33	34.92	10.93	64.09
Raw humus calcareous	122.34	561.23	22.47	18.95	54.18
Alluvial calcareous	49.94	1993.81	22.47	29.79	88.14
Raw humus calcareous	114.83	1023.99	57.41	24.93	92.37
Yellow brown forest	24.94	1240.53	22.44	12.28	78.83
Raw humus calcareous	62.43	1397.56	32.41	21.03	62.35
Yellow brown forest	49.91	911.22	24.99	7.60	77.46
Yellow brown forest	9.99	1034.48	22.45	27.11	52.96
Yellow brown forest	64.84	1295.76	47.38	14.53	72.32
Raw humus calcareous	127.37	979.44	52.45	13.14	77.43
*Regional background**	*64.16*	*2119.95*	*45.83*	*29.39*	*69.63*
*MPC, Georgia***	*33^a; 66^b; 132^c*	*1500*	*20^a; 40^b; 80^c*	*32*	*55^a; 110^b; 220^c*
*MPC, EU****	*140*	*-*	*75*	*300*	*300*

*Fundo regional - de acordo com Urushadze T.F, et al (2007);
**MPC, Geórgia - Concentrações máximas admissíveis nos solos agrícolas;
***MPC, Geórgia - limites superiores de concentrações máximas admissíveis estabelecidos na União Europeia;
a - Valores-guia para solos arenosos;
b - Valores-guia para solos de argila ou argila com pH <5,5;
c - Valores-guia para solos de argila ou argila com pH >5,5.

De acordo com os estudos realizados na região de Imereti (G. Ghambashidze, 2014; Urushadze et al, 2007), que incluíram Zestafoni, Kharagauli, Sachkhere, Chiatura e municípios de Teijola, Zestaponi Ferroalloy Factory tem um impacto significativo na produção de metais pesados nos solos. Nas proximidades da fábrica, as concentrações de níquel, zinco e cobre são significativamente mais elevadas, o que excede o conteúdo de fundo existente, mas nos três casos é baixo na concentração permissível (ZDK).
O conteúdo de chumbo da fábrica é também aumentado nas proximidades da fábrica e excede 30% pelo ZDK estabelecido. Foi registado um teor muito mais elevado no caso do manganês, cuja concentração excede a ZDC, que era esperada a partir das especificidades da fábrica e na presença do elevado teor global de manganês na região. No entanto, o elevado teor deste elemento tem um risco relativamente pequeno para o ambiente e consumo humano, devido às propriedades da toxicidade do manganês e ao estudo do solo na área de estudo.
P. Felic-Henningsen (Felix-Henningsen, Urushadze, Narimanidze, Wichmann, Steffens, Kalandadze, 2007; Felix-Henningsen, Steffens,Urushadze, King-Narimanidze, Kalandadze, 2010; Kalandadze, Hanauer,

Urushadze, Navrozashvili, Felix-Henningsen, Scnell, Steffens, 2011).P. Felix-Henningsen e todos..,) em relação à poluição por metais pesados dos solos e culturas alimentares devido a resíduos mineiros num distrito de irrigação, no vale de Mashavera. Os solos férteis irrigados do vale de Mashavera, têm um elevado potencial de rendimento agrícola. A água do rio utilizada para irrigação, no entanto, está poluída com resíduos mineiros da mina de cobre e ouro situada na região montanhosa dos alcances médios do rio Mashavera. Além disso, as águas residuais de uma instalação de flutuação, o material de erosão de depósitos de resíduos de flutuação e a drenagem ácida de minas conduzem a elevadas concentrações de metais pesados sulfúreos dissolvidos e em suspensão. As concentrações de Cu, Zn e Cd da lama dos canais de irrigação e do rio Mashavera são extremamente elevadas. Consequentemente, a maioria dos solos irrigados sob diferentes utilizações agrícolas apresentam um forte enriquecimento de metais pesados, que podem ser vestígios de irrigação com água poluída durante um período de várias décadas. A concentração de quantidades totais de Cu, Zn e Cd estão estreita e significativamente correlacionadas devido à mesma fonte fluvial. A variabilidade das concentrações de metais pesados nos solos irrigados é de longe mais ampla do que nos solos não irrigados, especialmente no sentido de concentrações mais elevadas. As diferenças na duração, frequência e quantidades de irrigação, bem como as alterações no tipo de uso do solo e cultivo do solo (por exemplo, profundidade da lavoura) são as razões desta elevada variabilidade espacial. Isto mostra que o grau de poluição do solo por metais pesados no valet Mashavera não pode ser estimado, mas deve ser investigado para cada campo a fim de avaliar o risco potencial para a cadeia alimentar e os residentes. A poluição HM dos campos de uva das hortas familiares, das vinhas e de outros pomares tornou-se muito crítica devido à elevada quantidade e frequência da irrigação. Muitos dos vegetais acumulam metais pesados nas partes da vegetação utilizadas como alimento. Em 40% das hortas domésticas investigadas e 82% das hortas vinícolas com cultivo misto de vegetais, o valor de acção para o Cd é excedido.

O distrito de Bolnisi é uma das regiões agrícolas mais importantes da Geórgia. A presença de um clima ameno e solos férteis (cinzento-cinamónico e prado cinzento-cinamónico) possibilita a obtenção de três culturas por ano. O distrito de Bolniy considera tradicionalmente a área da viticultura e da horticultura. Existe um sistema de irrigação que funciona bem no distrito, cujo início está próximo da aldeia de Kianeti (rio Mashavera).

Entre as empresas existentes na região, uma das maiores empresas é a sociedade anónima "Madneuli". É uma empresa mineira e de processamento que opera com base num depósito de cobre pirita e barita-polimetálico. Sabe-se que empresas deste tipo criam uma certa ameaça tanto para o território adjacente como para todo o ecossistema da região.

A capacidade da fábrica notada é determinada por um milhão de toneladas de cobre e 250.000 toneladas de barita. A obtenção de minério é uma via aberta e profissional e o minério resultante é processado por tecnologia de filtração. O produto processado é um concentrado de cobre e barita.

A fábrica de cobre-barite-polímetálica Madneuli está situada a 80 km a sudeste de Tbilissi.

De acordo com a sua génese, o depósito Madneul pertence ao grupo hidrotermais. Os desenvolvimentos são levados a cabo por explosões de perfuração. Antes do enriquecimento, o minério de cobre é esmagado em partículas de cerca de 20 mm de dimensão. As amostras anotadas são moídas em moinhos especiais e transferidas para flutuação. Os resíduos da flutuação com a ajuda de bombas são transferidos para lixeiras de rejeitos para armazenamento. A composição química das águas das pedreiras é determinada pela grande quantidade de ácido sulfúrico que se forma durante a oxidação dos minerais sulfurados, e através da qual a sua remoção ocorre sob a forma de cobre, ferro e sulfatos de zinco. Juntamente com os principais componentes do minério, os produtos de oxidação contêm sulfatos solúveis de elementos acessórios, incluindo cádmio e cobalto. Em águas de pedreira, o teor de chumbo e bário é relativamente baixo porque os seus sulfatos são insolúveis e permanecem dentro da mina. Ao mesmo tempo, a água dos aterros de rochas vazias e das lixeiras de rejeitos está a vazar, o que, tal como as águas de pedreira, participa no processo de sulfato e não difere deles.

Partindo das características assinaladas, a principal carga tecnogénica está no hidroset da região e, com base nisto, no sistema de irrigação. O rio Kazretula, que corre nas proximidades da planta, é rico em elementos de minério.

Devido ao seu pH muito baixo, estes elementos estão principalmente em formas dissolvidas e têm uma alta capacidade de migração. Os Rios Kazretula e Mashavera experimentam um forte impacto provocado pelo homem através da entrada de cobre e cádmio nos mesmos.

O conteúdo total destes elementos é várias vezes superior ao do MPC. Por exemplo, no rio Kazretula perto da fábrica, o teor de cobre é de 8,125 mg / l, enquanto o MPC é igual a 1 mg / l. Na confluência do rio Mashavera, este valor é de 1,212 mg / l. Os indicadores das formas totais de zinco e cádmio são também elevados. Assim, o sistema de irrigação, que tem origem na confluência dos rios Mashavera e Kazretal, está altamente contaminado com metais pesados e, como resultado, os solos estão poluídos.

Quando a irrigação de terrenos agrícolas para cada metro quadrado da área, são consumidos, em média, 50 litros de água. Como resultado, de acordo com as estimativas mais conservadoras, quando um hectare de terra agrícola é irrigado, 12,4 kg de cobre, 3,6 kg de zinco e 17 g de cádmio caem no solo. Em 1998, de acordo com as normas alemãs de conservação do solo, estes dados excedem significativamente as normas estabelecidas e dão a seguinte imagem: o teor de cobre excede as normas estabelecidas em 36 vezes, o de zinco e o de cádmio em 3 vezes.

Foram realizados estudos em várias áreas agrícolas: hortas de fruta (33 parcelas), vinhas (33), culturas hortícolas (49) e culturas de cereais (29 parcelas). O teor máximo de cobre nos solos sob culturas de cereais era de 450 mg / kg, sob culturas hortícolas - 1100 mg / kg e sob vinhas - 3000 mg / kg.

O conteúdo de cobre nos solos investigados varia muito: de 40 mg / kg a 3125 mg / kg ,. O conteúdo mínimo de 40-50 mg / kg foi observado em 17,9% do número total de sítios, 200 mg / kg e mais - 18,3%. Alto teor de cobre (> 200 mg / kg) nos solos de Ratevani, Kveshi, Abdalo, Savaneti e Karaticani. As terras agrícolas nas aldeias marcadas estão localizadas nas proximidades do leito do rio Mashavera. Especialmente elevado é o teor de cobre nos solos das vinhas.

Os indicadores mais elevados de cobre e zinco são registados no território que confina com a aldeia de Ratevani. A parte principal das parcelas investigadas (150 ha) está localizada na margem direita do rio Mashavera. A maior parte do território é ocupada por vinhas fruteiras, e quase metade são culturas de trigo.

Mais de metade da área está significativamente contaminada com cobre e zinco - 200-700 mg / kg. Cerca de 89% do território pode ser classificado como um número de locais catastroficamente contaminados. É de notar que os territórios marcados são intensamente regados pelas águas do rio Mashavera. Pode afirmar-se que estamos perante uma pronunciada tecnogénese, que indica o impacto da água contaminada por plantas na irrigação. Para o resto do território, onde a contaminação com cobre e zinco é observada dentro de 500 mg / kg, a poluição é manchada.

Ao considerar os dados sobre o manganês, deve notar-se o seu papel fisiológico especial no decurso dos processos geoquímicos, tanto no solo como nas plantas. O teor máximo de manganês varia entre 11251375 mg / kg. Os coeficientes de concentração de poluição são de 5,6-6,8. O teor máximo de manganês está associado à crosta meteorológica basáltica - 1400-1500 mg / kg (aldeia de Kianeti, Kveshi), e o mínimo - está confinado aos solos aluviais - 600-900 mg / kg (aldeia de Kvemo Bolnisi, Ratavani).

Na região investigada, 70 hectares (61,3%) estão pobre e moderadamente contaminados com cobre, 20 ha (17,3%) estão fortemente poluídos, e 24 ha (21,2%) são fortes e muito fortes. Dados semelhantes foram obtidos para o zinco.

O manganês está médio poluído com 93 ha (81,5%), fortemente - 21 ha (18,4%).

De acordo com os indicadores totais do coeficiente de concentração de manganês, apenas 19 hectares de baixa poluição da camada superior (0-20 cm) dos solos são notados, poluição média de 91 ha (79,8%) e poluição severa de 13 hectares (11%).

De acordo com o coeficiente de concentração da contaminação por manganês em solos fraca e média contaminação, os elementos químicos estão dispostos na seguinte ordem decrescente: Mn> Zn> Cu, e em solos altamente contaminados - Cu> Zn> Mn.

Em solos altamente contaminados com zinco, tendo em conta os valores mínimos e máximos dos índices totais do coeficiente de concentração, os elementos químicos são dispostos numa sequência diferente. No primeiro caso, esta série decrescente tem a seguinte forma: Cu> Mn> Zn, e no expoente máximo - Cu> Zn> Mn.

Nos últimos anos, as propriedades dos solos têm-se deteriorado acentuadamente. A superfície dos solos em muitos locais é coberta por uma crosta esbranquiçada e verde que impede a infiltração de água, a porosidade dos solos é baixa, e a fertilidade é reduzida. Há também rebocamento dos solos. Na planta, a fim de neutralizar os ácidos, a cal é atirada para a água e depois deixa-se entrar nos colectores. Nesses casos, forma-se um gesso e, juntamente com a água, chega à superfície do solo, formando uma crosta. Tudo isto agrava a capacidade de arejamento e filtragem dos solos e resulta numa queda acentuada na sua fertilidade.

A deterioração das propriedades agrofísicas dos solos resulta numa diminuição acentuada da capacidade de filtração. Nos solos contaminados, a percolação do solo durante o dia é de apenas 0,46 m. Nos solos, o potencial hidrofísico foi significativamente reduzido, a proporção das partes sólidas, líquidas e aéreas foi violada, uma alteração acentuada dos índices qualitativos e quantitativos dos componentes, degradação do solo, perturbação das funções vitais das culturas e queda acentuada da bio-produtividade. Tudo isto é claramente confirmado pela comparação de parâmetros agrofísicos de solos fraca, média e fortemente poluídos.

O factor antropogénico é muito significativo. A irrigação de terras agrícolas enriquecidas com metais pesados da água provoca uma alteração em vários parâmetros do solo, incluindo a acidez, minerais pesados são absorvidos por minerais argilosos. A acumulação durante a tecnogénese de metais pesados na superfície dos solos é explicada pelo facto de o sistema carbonato dos solos ser uma barreira para eles.

O aumento do teor de metais pesados no solo também pode estar relacionado com a natureza das actividades agrícolas. Por exemplo, um aumento na concentração de cobre em vinhas e pomares está directamente relacionado com a utilização de preparações que contêm cobre. Deve ter-se em conta que culturas como o espinafre, a batata e as marcas são caracterizadas por uma maior capacidade de absorção de metais pesados.

Existem vários métodos de recuperação de solos contaminados com metais pesados, incluindo solos mecânicos, físico-mecânicos, químicos, e outros. A eficácia de cada método meliorativo depende das condições climáticas, geo-ecológicas e do solo.

Tabela . 2. Teor de metais pesados em terras agrícolas, mg/kg

Location, Sample	Cu	Zn	Mn	Pb
Ratevani, 12	60-3625	75-2250	625-1000	19-36
Abdalo, 5	40-687,5	100-625	1125-1375	20-35
Kazreti, 10	35-200	85-100	750-1000	15-25
Khatosopeli, 4	60-100	110-212	1000-1250	14-19
Biliji, 8	55-85	90-120	750-1125	25-25
Savaneti, 4	40-115	105-135	875-1000	14-17
Pakhralo, 12	55-1250	70-750	625-1000	17-31
Kveshi, 7	42-125	100-120	1000-1250	15-20

Tabela . 3. Teor de metais pesados nos solos das vinhas, mg/kg

Location, Sample	Cu	Zn	Mn	Pb
Ratevani,2O	255-3125	165-2125	750-1625	22-41
Pakralo, 3	130-625	150-255	1000-1375	22-31
Kianeti, 2	290-305	100-110	875-1125	32-35
Bolnisi, 5	100-170	115-175	750-1375	17-22

Quadro 4. Teor médio de metais pesados no perfil dos solos, mg/kg

Depth, cm	Sample	Cu	Zn	Mn	Pb
0-20	20	155	116	967	21
20-40	20	71	104	960	21
40-60	20	55	95	955	23
60-80	17	47	90	1050	21
80-100	9	48	86	930	20

Quadro 5. Teor médio de metais pesados (mg/kg) em 0-20 cm

Location, Sample	Cu	Zn	Mn	Pb
Ratevani,				
Vineyard, 20	682	480	1150	30
Garden,12	349	250	781	29
Kveshi-Abdalo				
Savaneti, Tillage, 3 Garden, 3	585	335	1208	25
Kianeti , Tillage 3	55	80	897	24
Vineyard , 2	297	105	1000	33
Khatisopeli Tilage., 4 Vineyard, 1	140	160	1125	22

Na Geórgia, não existem normas aprovadas que determinem os valores das concentrações máximas admissíveis (MPC) de metais pesados nos solos. Tendo em conta a experiência de normalização do teor bruto de metais pesados nos países da UE, propõe-se seleccionar os MPC para a Geórgia, tendo em conta os perigos ambientais de cada um dos metais, que são determinados pelos aditivos máximos admissíveis (MPA), de acordo com os dados dos ecologistas holandeses. Na Geórgia, para os Cd altamente perigosos, propõe-se a utilização do valor mínimo dos MPC utilizados na UE. Para os metais de baixo risco - Zn e Pb - são utilizados os valores máximos de MPCs utilizados na UE. Para metais moderadamente perigosos - Cu, Ni - é utilizado o valor médio do MPC utilizado na UE.

A poluição do solo por metais pesados permanece numa série de problemas ambientais urgentes [Andriano, 2001; Vodyanitskii, 2017, Bakradze, et all, 2018}. Actualmente, são aceites três tipos principais de poluição do solo por metais pesados: global, regional e local (impactada).

A poluição global está associada a tendências globais no movimento de poluentes, que não é permanente, varia acentuadamente com o tempo. Este tipo de poluição é largamente determinado pelas transformações climáticas globais. A poluição regional é analisada por alterações na composição dos sedimentos fluviais, lacustres e marinhos. A contaminação local do solo tem três formas diferentes.

O mais comum é a poluição dos solos por emissões de fontes estacionárias e automóveis [Vodyanitskii, Vail'ev, et all, 2010; Vodyanitskii, Savichev, et all, 1000]. Contudo, após o estabelecimento de normas rigorosas para a poluição do ar por metais pesados nos solos da UE e da América do Norte, a poluição diminuiu significativamente. A poluição atmosférica também diminuiu na Rússia. Agora o problema é a restauração de solos contaminados perto de centros industriais nos séculos XIX-XX [Kirpichokova, et all, 20016]. Em países asiáticos: China, Índia, Cazaquistão, Irão, a contaminação aérea dos solos continua.

Menos comum é a contaminação por hidrogénio com metais pesados de solos aluviais e de planícies aluviais [Vodyanitskii, et all, 2008, 2009]. As águas de superfície dos rios são frequentemente contaminadas por resíduos mineiros provenientes de operações mineiras. Assim, os solos mais férteis das planícies aluviais são removidos da circulação.

Em ligação com a urbanização no mundo, a escala da contaminação hidrogenética das áreas terrestres em redor dos aterros sanitários perto das grandes cidades está a aumentar. Os metais pesados juntamente com os poluentes orgânicos espalham-se com o fluxo de águas subterrâneas.

A terceira fonte de poluição local é o fluxo de metais pesados juntamente com poluentes orgânicos, por exemplo, em caso de derrames de petróleo [Vodyanitskii, et all, 2012, 2013], a entrada de fertilizantes no solo, meios para melhorar o solo, etc. Este tipo de contaminação com metais pesados é relativamente fraco.

A solução dos problemas de poluição depende largamente de normas adequadas para o conteúdo de metais pesados nos solos [Salminen, et all, 1997]. A norma mais importante é a concentração máxima admissível (MPC) no solo. Mas na Geórgia, o significado dos seus MPCs ainda não foi legislado. Provavelmente, a experiência de normalização dos metais pesados obtida nos países da UE pode ser transferida para a Geórgia. No mundo, a prática de utilizar como MPC o conteúdo bruto de metais pesados, apesar do óbvio inconveniente - o conteúdo bruto inclui a proporção de metal (muitas vezes significativa) na composição de compostos inertes, principalmente silicatos, que não afectam a vegetação. Para eliminar este inconveniente, foram feitas tentativas na Rússia e na República Checa para introduzir formas móveis (activas) de compostos de metais pesados como normas [Belobrov, et all, 2004]. Mas nos últimos anos, a sua defectividade como norma tem sido demonstrada, devido à dependência da mobilidade dos metais pesados da humidade no momento da amostragem [Opekunova, 2011].

Mas, ao mesmo tempo, o conteúdo bruto não depende da humidade do solo no momento da amostragem. Portanto, na maioria dos países, foi adoptada a concentração máxima permitida de metais pesados nos solos [Vodyanitskii, 2012, 2013]. Como outra desvantagem, salientamos a incapacidade do MPC da composição bruta para dividir o conteúdo de metais pesados em partes naturais e antropogénicas.

No futuro, discutiremos apenas a concentração máxima admissível de metais pesados. Muitas vezes, estes valores de MPC são atribuídos de forma diferente, dependendo das propriedades dos solos. Para os solos ácidos e leves na composição granulométrica dos solos, os valores de MPC são estabelecidos mais baixos do que para solos neutros e pesados [Ghamabashidze, et all, 2006]. Isto deve-se ao facto de que nos solos ácidos e leves os metais pesados são mais móveis e potencialmente mais tóxicos para os organismos vivos [Ghamabashidze, et all, 2006].

Os dados sobre a contaminação do solo da Geórgia com metais pesados são apresentados em [Ghamabashidze, et all, 2006, 2014].

A poluição do solo pelo ar atmosférico a 9 km da aldeia Kazreti, onde se encontra a Empresa de Mineração e Processamento de Minério de Madneuli, foi encontrada contaminação dos solos de pastagem e vegetação com metais pesados: Cu, Zn, Pb [Agladze, et all, 2009]. Além disso, aumentou significativamente o conteúdo destes metais no sangue e leite de vacas e em produtos lácteos: queijo, matzoni. Na área da Fábrica de Minas e Processamento de Madneuli, que processa minérios sulfuretos, o conteúdo de arsénico próximo dos valores de fundo estava quase em todos os solos. O máximo é notado perto da fábrica de processamento de minério. Na zona contaminada de produtos alimentares vegetais, o conteúdo de arsénico é acentuadamente aumentado, mas para além das raras excepções não excedeu o MPC [Supatashvili, Loria, et all, 2002; Loria, et all, 2009; Supatashvili, Labartkava, et all, 2010;];

Poluição dos solos pelo hidrogénio. Foram realizados estudos a longo prazo na bacia do rio Mashavera [Felix-Henningsen, et all, 2007, 2009, 2011]. Foram determinadas as formas quimicamente extraídas de metais pesados e a entrada de metais nas plantas em solos irrigados e fortemente contaminados de castanheiros do vale do rio. Mashavera para o sudeste da Geórgia. Nos solos férteis irrigados de castanheiros do vale do rio Mashavera tem um elevado potencial de rendimento. No entanto, as águas do rio estão poluídas com resíduos mineiros - pedreiras de cobre e minas de ouro nas montanhas, no meio do rio Mashaovera. Como resultado, a maioria dos solos agrícolas irrigados são altamente enriquecidos com metais pesados. A concentração de cobre total, zinco e cádmio aumenta com a intensidade do uso do solo e o grau de irrigação. Atinge um máximo em terras aráveis, um pouco mais baixo em prados periodicamente inundados, plantação de hortaliças, vinhas, pomares. O teor de metais pesados excede os limiares de segurança para plantas, animais e seres humanos. Assim, o teor de cobre nos solos é 200 vezes superior às normas da União Europeia (60 mg / kg) e ascende a 12.000 mg / kg; o teor de zinco nos solos é 15 vezes superior às normas da União Europeia (200 mg / kg) e ascende a 3.000 mg / kg; o teor de cádmio nos solos é 1,5 vezes superior às normas da União Europeia (11 mg / kg) e ascende a 17 mg / kg; é estabelecido um risco acrescido de contaminação de produtos vegetais com metais pesados.

A recepção de metais pesados com fertilizantes. É determinado o conteúdo de metais pesados em fósforo e fertilizantes orgânicos [Manceau, et all, 1996; Oniani, et all, 2003] e nos solos da Geórgia: chernozem, castanho de prado e carbonato castanho [Oniani, et all, 2003]. O conteúdo de metais pesados nestes solos difere pouco do fundo.

4,2 MPC DE METAIS PESADOS NOS PAÍSES DA UE

Considerando as concentrações máximas permitidas de metais pesados estabelecidas pela legislação dos países europeus - Áustria, República Checa, Dinamarca, Finlândia, França, Alemanha, Itália, Noruega, Espanha, Suécia, Reino Unido, Rússia.

Na Geórgia, por duas vezes - em 2006 e 2017, foi realizada uma análise comparativa dos indicadores CPM nos países europeus. Em 2017, a Agência Nacional do Ambiente do Ministério do Ambiente e Protecção dos Recursos Naturais da Geórgia realizou uma análise dos valores CPM de vários países da UE, incluindo a Bulgária, República Checa, Estónia, Hungria, Lituânia, Polónia, Roménia, Sérvia, Montenegro, Eslováquia, Eslovénia e Rússia [Buivydaite, 1998; Darousin, et all, 1995; Decisão do Ministério...da Polónia,1994; Decreto sobre o Limite, 1995; Decreto ...República Checa, 1996; Duch normas poluentes; Environment Policy and Regulation in Russia, European Soil Data Base, 1999; Exposure limits in soil Estonian, 1999; FAO-UNESCO, 2000; ISSS-ISRIC-FAO, 1998; Lituânia HN 60, 2004; Gestão, 1986; Portaria, 1997; Ordem da Roménia, 1997; Actas da Conferência, 2008; Regulamentação do admissível, 2001; Solos da Lituânia, 2000; Base de dados de solos e terrenos, 2000; Vacha, et all, 2014; Van Lynden, 1997; Varallyay, 1990]. Na publicação de 2017, são consideradas as normas de países que não tenham sido anteriormente assinaladas, incluindo a Bulgária, Estónia, Hungria, Lituânia, Eslováquia, Eslovénia, Letónia, Polónia, Roménia, Sérvia, Montenegro, Eslovénia. Em 2006, foram discutidos os padrões de países que não foram analisados em 2017, incluindo Áustria, Dinamarca, Finlândia, França, Alemanha, Itália, Noruega, Espanha e Suécia. Na tabela. 6 os valores de MPC para solos de 11 países da Europa e da Rússia são resumidos.

Quadro 6. *Valores dos MPCs de elementos químicos (formas gerais) para os solos da UE e da Rússia*

Unidades: mg/kg

N	Country	pH	As	Be	Cd	Co	Cr	Cu	Hg	Ni	Pb	Zn	V
1	Bulgaria	**<3.5**						<15			<20	<20	
		3.5-4.0			0.4		150	<20	1.0	25	<25	<30	
		4.5						<25			<30	<40	
		5.0			0.8		170	<40	1.0	35	<40	<60	
		5.5			1.0		180	<60	1.0	50	<50	<90	
		5.7						<80			<60	<110	
		6.0			1.5		190	<120	1.0	60	<70	<200	
		6.2						<230			<75	<300	
		6.5						<250			<80	<320	
		7.0			3.0		200	<260	1.0	70	<80	<340	
		7.5						<270			<80	<360	
		8.0						<280			<80	<370	
2	Czech Republic		30	7	1	50	200	100	0,8	80	140	200	220
3	Estonia			2	1	20	100	100	0.5	50	50	200	50

№												
4	Hungary	15		1	30	75	75	0.5	40	100	200	
5	Lithuania	10	10	3	30	100	100	1.5	75	100	300	150
6	Poland			1			40		50	70	100	
7	Romania	15	2	3	30	100	100	1	75	50	300	100
8	Serbia	<25		<3		<100	<100	<2	<50	<100	<300	
9	Montenegro	20		2	50	50	100	1.5	50	50	300	
10	Slovakia	30	20	5	50	250	100	2	100	150	500	200
11	Slovenia	20		1	20	100	60	0.8	50	85	200	
12	Russia						55	2,1	85	30	100	150

Registamos uma circunstância importante. Os dados apresentados na Tabela. 6, os valores MPC referem-se aos mais diversos elementos químicos. Eles diferem em muitas propriedades. Entre eles, um metal muito perigoso, embora leve, berílio (n = 4), e um arsénico metalóide pesado muito perigoso (n = 33). Os restantes 9 elementos são metais pesados, embora de diferentes graus de perigo. A nossa escolha de valores MPC para a Geórgia depende do grau de perigo de um determinado metal pesado.

Existem várias gradações de metais pesados em termos dos seus riscos ambientais. As mais fiáveis são as normas desenvolvidas nos Países Baixos [Crammentuijn, et all, 1997; Struijs, e todas, 1997]. Os ambientalistas neerlandeses estabeleceram aditivos máximos permitidos (SDA), acima dos quais a recepção de metais pesados se torna perigosa. Os valores de SDA foram obtidos como resultado de numerosos e diversos estudos ecotoxicológicos: foi feito muito trabalho para estabelecer a toxicidade de 17 metais pesados e metalóides. [Crammentuijn, et all, 1997]. Estes estudos incluíram o efeito de extractos de água de solos poluídos por elementos químicos em diferentes tipos de organismos (pelo menos quatro): plantas, representantes da fauna do solo (minhocas, artrópodes) e microrganismos. Além disso, foi tido em conta o efeito biológico da passagem de metais pesados para solução (em experiências de laboratório com suspensões) e em condições naturais nas águas subterrâneas e superficiais. É muito importante que os ecologistas holandeses tenham tido em conta o efeito tóxico na biota do solo, em vez da exposição directa dos metais pesados à saúde humana através da inalação de poeira e água potável. As especificações finais foram obtidas após a harmonização matemática de um grande número de trabalhos experimentais (100 títulos) sobre o efeito dos metais pesados na biota e nas plantas.

Quadro 7. *Perigo de elementos de acordo com a normativa toxicológica geral russa [Vodyanitskii, 2017] e de acordo com os valores neerlandeses de SDM de metais pesados para solos [Crammentujn, et all, 1997].*

№	Hazard Class	Russia (general toxicological standard)	Netherlands
1	Highly dangerous	As, Cd, Hg, Se, Pb, Zn	< 1 mg/kg: Be, Se, Tl, Sb, Cd
2	Moderately hazardous	Co, Ni, Mo, Cu, Sb, Cr	1-10 mg/kg: V, Hg, Ni, Cu, Cr, As, Ba
3	Low hazard	Ba, V, W, Mn, Sr	>10 mg/kg: Zn, Co, Sn, Ce, Pb, Mo

Usando o MPC para solos da União Europeia e avaliação do risco de metais pesados em solos de acordo com os valores de SDA, tente oferecer valores indicativos de MPC para solos na Geórgia.

4.3. VALORES PROPOSTOS DE MPC PARA METAIS PESADOS PARA SOLOS DE GEORGIA

Propusemos valores de equilíbrio do estado ecológico de equilíbrio dos metais pesados nos solos da Geórgia, tendo em conta os seus PPM na UE e o grau de perigo de cada metal. Tendo em conta a experiência de normalização do conteúdo de metais pesados nos países da UE, propõe-se a selecção do MPC para a Geórgia, tendo em conta o perigo ecológico de cada um dos metais nos solos. Como critério de perigo, foram utilizados os dados sobre os aditivos máximos permitidos (SDA) de metais pesados determinados por ecologistas holandeses.

Em termos de valores SDA, todos os metais pesados estudados pelos ecologistas holandeses estão divididos em três grupos nos solos (Tabela 7). Aos elementos altamente perigosos pertencem elementos com SDA <1 mg / kg. Entre eles - cádmio. Ao grupo moderadamente perigoso pertencem os elementos químicos com SDA = 1-10 mg / kg. Entre eles - Hg, Cu, Ni. Ao grupo de baixo risco pertencem os elementos com SDA > 10 mg / kg. Entre os metais de baixo risco - Zn e Pb.

Como se pode ver na Tabela. 1, os valores de MPC para metais pesados nos países da UE variam de 1,5 a 6 vezes. Esta variação deve-se a uma variedade de razões, incluindo a diversidade dos solos. No território da Geórgia, os solos são também muito diversos. Nesta primeira fase do racionamento, a principal atenção deve ser dada à diferença no grau de perigo dos metais pesados nos solos. Propomos que os solos georgianos adoptem os MPC europeus dentro dos limites da sua variação, tendo em conta os diferentes perigos dos metais. Para metais altamente perigosos, propõe-se a utilização do valor mínimo do MPC utilizado na UE. Para metais de baixo risco - utilizar os valores máximos dos MPC utilizados na UE. Para metais moderadamente perigosos, utilizar o valor médio do MPC utilizado na UE.

Cádmio metálico altamente perigoso. De acordo com as normas dos países da UE (excluindo os solos ácidos da Bulgária e os solos da Eslováquia), a concentração máxima permitida de cádmio é de 1 a 3 mg / kg. Para a Geórgia, propomos a adopção do valor mínimo mais rigoroso de MPC para o cádmio utilizado na UE. O valor mínimo de MPC = 1 mgCd / kg foi tomado na República Checa, Estónia, Hungria, Polónia, Eslovénia e Bulgária. Para a Bulgária, este MPC é adoptado para solos ácidos com pH = 5,5-5,7.

Cobre metálico moderadamente perigoso. De acordo com as normas dos países da UE (excluindo os solos ácidos da Bulgária), a concentração máxima permitida de Cu é de acordo com as normas da UE de 50 a 140 mg / kg. Para a Geórgia, propomos tomar o valor médio, médio de MPC para o cobre, ou seja, MPC = 100 mg / kg. Este valor de MPC para o cobre é adoptado na República Checa, Estónia, Lituânia, Roménia, Montenegro, Eslováquia.

Metal de níquel moderadamente perigoso. De acordo com as normas dos países da UE, a concentração máxima admissível de Ni é de 50 a 100 mg / kg. Para a Geórgia, propomos tomar o valor médio de MPC para o níquel, ou seja, MPC = 75 mg / kg. Este valor de MPC para o níquel é adoptado na Lituânia e na Roménia.

Mercúrio metálico moderadamente perigoso. De acordo com as normas dos países da UE (excluindo os solos ácidos da Bulgária), o MPC Hg é de 0,4 a 3,0 mg / kg, de acordo com as normas da UE. Para a Geórgia, propomos tomar o valor médio de MPC para o mercúrio, ou seja, MPC = 1,5 mg / kg. Este valor de MPC para o mercúrio é adoptado na Lituânia, Montenegro e Polónia (para solos com pH = 5,7-6,0).

Um pouco perigoso zinco metálico. Segundo as normas dos países da UE (excluindo os solos ácidos da Bulgária e os solos da Eslováquia), o MPC Zn = 150-300 mg / kg. Para a Geórgia, propomos adoptar o valor máximo, menos rígido, da concentração máxima permitida para o zinco proveniente do utilizado na UE, ou seja, MPC = 300 mg Zn / kg. Foram adoptados valores elevados de MPC em muitos países da UE: Lituânia, Roménia, Sérvia, Montenegro, Eslováquia, Eslovénia, e Bulgária para solos neutros. O baixo perigo do zinco nos solos é confirmado pelo alto valor de SDA = 16 mg / kg.

O zinco é um microelemento importante, vital para as plantas, que participa activamente em muitos processos bioquímicos. As plantas em condições de deficiência de Zn sofrem de clorose. A deficiência de zinco é uma das razões para o baixo rendimento de várias culturas [Struijs, et all, 1997; mengel, et all, 1987].

O conteúdo de Zn nos solos varia muito. No horizonte do arado da parte central da planície russa, o teor médio em solos de floresta cinzenta é de 63, em chernozems 46-55, em solos turfosos 16-19 mg / kg [Ivanov, 1994-1997]. A falta de zinco é testada por solos florestais ligeiros da Região de Terra Não Negra, excesso - solos de terra negra [Kovalsky, 1974].

A contaminação do solo com deficiência de zinco pode ser útil para a nutrição vegetal. Por outro lado, o zinco sintético é fixado firmemente em solos de composição granulométrica pesada. A proximidade do raio iónico Zn^2+ ao Fe^2+ e Mg^2+ raios promove a sua substituição pelo zinco em várias estruturas estratificadas [Manceau, et all, 2002, 2004]. zinco antropogénico em solos pesados também se torna inacessível, tomando o lugar de Al^3+ em camadas octaédricas de aluminosilicatos. Como resultado, o óxido de ZnO antropogénico no solo transforma-se rapidamente num Zn-filosilicato estável [Voegelin, et all, 2005]. Em grande medida, o Zn é fixado (hidra) por óxidos e fosfatos de ferro [Manceau, et all, 2002, 2004; Vodyanitskii, 2010].

Perto de uma fábrica de metalurgia não ferrosa na Rússia, os solos estão fortemente contaminados com zinco, o seu conteúdo é 10-100 vezes superior ao fundo. No entanto, a produção de vegetais não foi contaminada. Isto pode ser explicado tanto pela baixa toxicidade do Zn no solo como pelas propriedades protectoras das próprias culturas [Urushadze, et all, 2007, Varshal, et all, 1999].

Um pouco perigoso chumbo metálico. De acordo com as normas dos países da UE (excluindo os solos ácidos da Bulgária e da Eslováquia), o MPC Pb = 50-150 mg / kg. Para a Geórgia, propomos adoptar o valor máximo e menos rígido do MPC para o chumbo utilizado na UE, ou seja, MPC = 150 mgPb / kg. Um valor tão elevado de MPC é adoptado na Eslováquia.

O baixo perigo de chumbo nos solos é confirmado por um valor muito elevado de SDA de 55 mg / kg. A acessibilidade biológica e a mobilidade química do chumbo estão pouco relacionadas com o seu conteúdo bruto, mas estão confinadas aos solos com uma deficiência de fases portadoras activas. O chumbo adquire mobilidade em solos com um baixo teor de substâncias húmicas e óxidos (hidra) de ferro e manganês. O chumbo também se torna disponível com uma diminuição do teor de carbonato [Morin, et all, 1999]. Em outros solos, o chumbo não é muito perigoso.

Está provado que no solo Pb está fortemente inactivado e perde a sua toxicidade [Yelkina, et all, 2007; Urushadze, et all, 2007].

A forte ligação entre a Pb e a matéria orgânica explica-se pela sua afinidade com os humores. Ao contrário de uma série de outros metais pesados, que estão mais associados aos ácidos fúlvicos móveis nos solos, o chumbo é preferencialmente fixado por humates mais estáveis. Isto foi documentado pelo método de análise de raios X sincrotrão [Manceau, et all, 1996; 2002, Morin, et all, 1999]. A afinidade com a estrutura dos ácidos húmicos distingue o chumbo de outros metais pesados. De acordo com Varshal et al. [63], o ácido húmico várias vezes sorve Pb mais do que outros metais (Cu, Ce, Cd). Os sais do ácido oxálico, comuns nos solos, formam um oxalato de chumbo muito forte PbOx com o produto da solubilidade Kp = 2.7.10-11 [Duch poluentes standarts]. Isto também contribui para a ancoragem do elemento na camada de húmus do solo.

A fase mineral do solo também tem a sua influência. O chumbo é sorvido por géis prioritários e aluminosilicatos: é absorvido por eles em muito maior quantidade do que Cu, Zn, Cd, Co, Ni [Savenko, et all,2009]. Num grande volume, o Pb2 + é sorvido por hidróxidos de ferro: a pH 6, mais de 90% do chumbo é absorvido, enquanto o cádmio é inferior a 10% [Ainsworth, et all, 1994].

O chumbo também tem um efeito fraco na biota de chernozem, o seu efeito é mais fraco do que o do selénio, crómio, mercúrio, cádmio, arsénio, cobalto, antimónio, cobre em concentrações semelhantes [Kolesnilov, 2010]. Com o tempo, os metais são gradualmente removidos do solo através do consumo de plantas, lixiviação, erosão. A auto-purificação do solo arenoso sod-podzólico é caracterizada por uma diferença na segurança dos metais: em 12 anos o conteúdo de Cd, Cu, Ni, mas não Pb, foi significativamente reduzido [Plekhanova, 2007]. Isto deve-se em grande parte à rápida diminuição da mobilidade do chumbo introduzido no solo [Ponizovsky, et all, 2006]. Numa experiência com solos florestais sod-podzólicos e cinzentos, doses de chumbo até 1000 mg / kg não afectaram negativamente as plantas [Dmytrakov, et all, 2004]. Nos países ocidentais, a prova da estabilidade do solo contribuiu para uma revisão do valor do MPC do chumbo a aumentar. Os valores das concentrações máximas permitidas de chumbo nos solos urbanos atingem em Inglaterra 300, Canadá 500 e 1000, EUA 2000 mg / kg [Baskin, et all, 2004].

Em conclusão, damos os valores aproximados das normas propostas para caracterizar os diferentes estados ecológicos para os solos da Geórgia: de permissível a perturbador (Quadro 7).

Quadro 8. *Características de gradação recomendadas da importância dos metais pesados da Geórgia*

Element   Ecological State of Soils

	Disturbing	Extraordinary	Equilibrium	Critical	Satisfactory	Acceptable
Highly dangerous heavy metal						
Cadmium	>3	3-1	1	1-0.5	0.5-0.1	<0.1
Moderately hazardous heavy metals						
Copper	>140	140-100	100	100-75	75-50	<50
Nickel	>100	100-75	75	75-50	50-30	<30
Mercury	>3	3-1.5	1,5	1.5-1.0	1.0-0.5	<0.50
Low hazardous heavy metals						
Zinc	>500	500-300	300	300-200	200-150	<150
Lead	>200	200-150	150	150-100	100-75	<75

Assim, na Geórgia, não existem normas aprovadas que determinem os valores do MPC para metais pesados nos solos. Tendo em conta a experiência de normalização do conteúdo de metais pesados nos países da UE, propõe-se a selecção do MPC para a Geórgia, tendo em conta o perigo ecológico de cada um dos metais. Como critério de perigo, propõe-se a utilização de dados sobre aditivos máximos admissíveis (SDA) determinados por ecologistas holandeses. Para os Cd altamente perigosos, sugere-se a utilização do valor mínimo do MPC utilizado na UE. Para metais de baixo risco - Zn e Pb - utilizar os valores máximos de MPC utilizados na UE. Para metais moderadamente perigosos - Cu, Ni - utilizar o valor médio do MPC utilizado na UE.

REFERÊNCIA

Adriano D.C. Trace Elements in Terrestrial Environments, Springer, Berlim, Heidelberg, 2001.

Agladze, G.D., Basiladze G.V., Kalandia E.G., The influence of the environment polluted from the heavy metals on the quality of milk production, J. Annals of Agrarian Science vol. 7, № 3 (2009) 29-32 (em russo).

Ainsworth C.C., Girvin D.C., Zachara J.M., Smith S.C., CrD4 adsorção em goethite: Efeito da substituição do alumínio, Soil Sci. Soc. Am. J. , v. 53, 1989, 411-418.

Ainsworth C.C., Pilon J.L., Gassman P.L., Van Der Sluys W.G. Cobalto, cádmio e sorção de chumbo em óxido de ferro hidratado: efeito tempo de residência // Soil Sci. Soc. Am. J. vol. 58 (1994) 1615-1623.

Akhanov Zh.U., Tomina T.K. Problemas de Poluição Tecnogénica dos Solos do Cazaquistão, B "Current Problems of Soil Pollution", Moscovo, 2004, pp. 169-172 (em russo).

Akhtyamova G.G,, Yanin E.P., Features of the chemical composition of channel alluvium of small rivers of urban landscapes, Geochemistry of the biosphere Moscow-Smolensk, 2006, pp. 49-50, (em russo)

Al-Nakshabandi G.A., Saqqar M.M., Shatanawi M.R., Fayyad M., Al-Horani H. Alguns problemas ambientais associados à utilização de águas residuais tratadas para irrigação na Jordânia, Aricult. Water Manag. 1997. V. 34, (1997), pp. 81-94.

Allard T., Ildefonse P., Beaucaire C., Calas G., Química estrutural de urânio associada a Si, Al, Feels numa mina de urânio granítico, Ghem. Geol. v. 158, 1999, pp. 81-103.

Altukhova E.Yu., Avaliação da carga máxima admissível causada pelo homem no solo contaminado com metais pesados, tendo em conta a fitomassa vegetal. Catião autoref. Biol. Sciences, Moscovo, 2010, 24 pp. (em russo).

Ambe S., Adsorption-kinetics of antimony(V) ions onto alfa-Fe2O3 surfaces from an aqueous- solution,

Langmuir. V. 3, 1987, pp. 489-493.

Anawar H.M., Akai J., Mostofa K.M.G., Safiullah S., Tareq S.M., Arsenic poisoning in groundwater: health risk and geochemical sources in Bangladesh, Environ. Intern., v. 27, 2002, pp. 597-604.

Arkhipov I.A., Sakladov A.S., Robertus Yu.V., Puzanov A.V., The impact of technogenic emissions of mining production and ecological and geochemical features of the distribution of mercury in the soils of the alpine belt (on the example of the Aktash mining and smelting enterprise), in: Contemporary problems of soil contamination, t. 1, M., 2004, pp. 54-57 (em russo).

Artamonova S.Yu., Permafrost Soils of Aldan gold ore district (Yakutia), in: Contemporary problems of soil contamination, M., 2004, pp. 167-169 (em russo).

Arzhanova V.S,, Elpat'evskaya V.P,, Elpatievsky P.V., Transformação de solos sob a influência de tecnologia de mineração: aspectos metodológicos e resultados, In "Contemporary Problems of Soil Pollution". T. 1, M., 2004, pp. 11-16 (em russo).

Babkina E.I., Sataeva L.V., Sumin V.A., Poluição de solos da Federação Russa pesticidas e metais pesados durante 10 anos. B Problemas contemporâneos de contaminação do solo. Int. científica. Conf. 24-28 de Maio de 2004, Universidade Estatal de Moscovo, Moscovo, 2004, pp. 28-30 (em russo).

Baboshkina S.V., Gorbachev I.V., Puzanov A.V., Poluição por metais pesados de solos e plantas de paisagens do noroeste de Altai, sujeitas a carga tecnogénica, em: Contemporary problems of soil contamination, t. 1, Moscovo, 2004, pp. 7-61 (em russo).

Bakradze E., Vodyanitskii Y., Urushadze T., Chankseliani Z. About rationing of the heavy metals in soils of Georgia, J. Annals of Agrarian Science, vol. 16, (2018) 1-6.

Balistrieri L.S., Choa T.T., Selenium adsorption by goethite, Soil Sci. Soc. Am. J., v. 51, 1987, pp. 1145-1151.

Bargar J.P., Reitmeyer R., Davis J.A., Spectroscopic confirmation of uranium (VI)-carbonate adsorption complexes on hematite, Environ. Sci. Technol., v. 33, 1999, pp. 2481-2484.

Barnett M.J., Harris L.A., Tufner R.R., Stevenson R.J., Henson T.J., Melton R.C., Hoffman D.P., Formação de sulfureto mercúrico no solo, Environ. Sci. Technol., v. 31, 1997, pp. 3037-3043.

Bashkin V.N., Kurbatova A.S. Abordagens biogeoquímicas e geoecológicas para a avaliação do impacto ambiental integrado, nos problemas contemporâneos de poluição do solo. I Int. Conf. M., 2004. p. 174-176.

Baylock M.J., James B.R. Redox transformation and plant uptake of Se resulting from root-soil interactions, Plant Soil., v. 158, 1994, pp. 1-17.

Beauchemin S., Kwong Y.T.J., Impact of redox conditions on arsenic mobilization from tailings in a wetland with neutral drainage, Environ. Sci. Technol., v. 40, 2006, 6297-6303.

Belzile N., Chen Y.W., Wang Z.J., Oxidação de antimónio(III) por oxidróxidos amorfos e de manganês, Chem. Geol... v. 174, 2001, pp. 379-387.

Benner S.G., Blowes D.W., Gould W.D., Herbert R.B.Jr., Ptacek C.J., Geochemistry of permeable reactive barrier for metals and acid mine drainage, Environ. Sci. Technol., v. 33, 1999, pp. 2793-2799.

Bloom N.S., Preus E., Katon J., Hiltner M., Selective extractions to biogeochemically relevant fractionation of inorganic mercury in sediments and soils, Anal. Chim. Acta., v. 479 (2), 2003, pp. 233248.

Blowes D.W., Ptacek C.J., Benner S.G., McRae C.W.T., Bennet T.A., Puls R.W.J., Tratamento de contaminantes inorgânicos usando barreiras reactivas permeáveis, Contam. Hydrol. V. 45, 2000, 123-137.

Blowes D.W., Ptacek C.J., Jambor J.L., Remediação in situ de águas subterrâneas contaminadas por Cr(VI)-usando paredes reactivas permeáveis: estudos laboratoriais, Environ. Sci. Technol. V. 31, 1997, pp. 3348-3357.

Bolshakov VA, Belobrov VP, Shishov LL, Soil Dictionary. Dicionário do Solo, Dokuchaev Soil Institute, Moscovo, 2004, 138 pp. (em russo).

Bolshakov V.A, Krasnova N.M, Borisichkina T.I, Sorokin S.E, Grakovsky V.G. Contaminação aerogénica do solo com metais pesados: fontes, escamas, remediação, solo de Dokuchaev. Instituto, Moscovo, 1993, 90 pp. (em russo).

Borisovichkina T.I., Vodyanitskii Yu.N., Poluição das paisagens agrícolas da Rússia com metais pesados: fontes, escalas, previsões, in: Bui. Instituto do Solo de Dokuchaev. № 60, 2007, pp. 82-89 (em russo).

Bostick B.C., Hansel C.M., La Force M.J., Fendorf S., Seasonal fluctuations in zinc speciation within a contaminated wetland, in: Ambiente. Sci. Technol., v.35, 2001, pp. 3823-3829.

Boutron C.F., Gorlasch U., Candelone J.P., Bolshov M.A., Delmas R.J., Diminuição do chumbo, cádmio e zinco antropogénicos na neve da Gronelândia desde finais dos anos 60, Nature v. 353 (1991) pp. 153-156.

Bowen H. J. M., Trace elements in biochemistry. Londres-N.Y..: Acad. Imprensa, 1966, 241 pp.

Bowen H. J. M.,Química ambiental de elementos. N.Y.,QUÍMICA AMBIENTAL DE ELEMENTOS: Acad. Imprensa, 1979, 333 pp.

Brannon J.M., Patrick W.H., Fixação e mobilização de antimónio em sedimentos, Environnement. Pollut. v. 98, 1985, pp. 107-126.

Brown G.E., Foster A.L., Ostergren J.D., superfície mineral e biodisponibilidade dos metais pesados: Uma perspectiva à escala molecular, Proc. Natl. Acad. Sci. USA, v. V. (1999) pp. 3388-3395.

Bruno J., Duro L., Grive M., The applicability of geochemical models to simulate trace elements behavior in natural waters. Lições aprendidas de estudos analógicos naturais, Chem. Geol. v. 190, 2002, pp. 1-4.

Buivydaite V. A base de dados do solo lituano para uso sustentável da terra: desenvolvimentos e planeamento. lL e sistemas de informação, in: Desenvolvimento para o planeamento da utilização sustentável dos recursos da terra. The European Soil Bureau Research Report No.4, EUR 17729 EN. Serviço das Publicações Oficiais das Comunidades Europeias. Luxembuorg, 1998, pp. 171-175

Burtsev I.S., Stepanova S.K. e outros. Experiência na investigação de explosões nucleares subterrâneas e lixeiras de minérios contendo urânio no território da Yakutia, Segurança radiológica da República de Sakha (Yakutia). Yakutsk: YaFGU "Editora da SB RAS", 2005, pp. 56-67. Butovskii R.O., Heavy metals as techogen chemical polluant and their toxic for soil invertebrate animals, Agrichemistry, # 4, 2005, pp.73-91 (em russo).

Catalano J.G., Brown Jr.G.E., Análise de fases portadoras de uranil por espectroscopia EXAFS; interferências, dispersão múltipla, precisão dos parâmetros estruturais, e interferências espectrais, Am. Mineral., v. 89, 2004, pp. 1004-1921.

Cheremis M.S., Kusakina N.F., Soil efficiency of wastewater sludge utilization together with effective microorganisms in under the influence of mining type of technogenesis: methodological aspects and results, In "Contemporary problems of soil contamination". T. 1, M., 2007 pp. 264-267 (em russo). Chen Y.-W., Deng T.-L., Filella M., Belzile N., Distribution and early digenesis of antimony species in sediments and pore water of freshwater lakes, Environ. Sci. Technol., v. V., 2003, pp. 1163-1168.

Chen W., Li H., Cost-effectiveness analysis for soil heavy metal contamination treatments, Water Air Soil Pollut. 2018, v. 229. pp. 126-139.

Chevychelov A.P, Sobakin P.I., contaminação radioactiva de solos permafrost 238U na zona de depósitos de urânio de Aldan Central (Yakutia do Sul), Problemas contemporâneos de contaminação do solo. II Conf. científica Intl. M., 2007, pp. 261-264.

Cotter-Howells J.D., Caporn S., Remediação de solos contaminados pela formação de fosfatos metálicos pesados, Appl. Geochem., v. 11, 1996, pp. 335-342.

Cotter-Howells J.D., Cheampness P.E., Charnock J.M., Pattrick R.A.D., Identificação de piromorfito em solos contaminados por resíduos de minas ATEM e EXAFS, Eur. J. Soil Sci., v.45, 1994, pp. 393-402.

Crecelius E.A., Bothner M.N., Carpenter R., Geochemistries of arsenic, antimony, mercury, and related elements in sediments of Puget Sound, Environ. Sci. Technol., v. 9, 1975, pp. 325-333.

Crommentuijn T., Polder M.D., Van de Plassche E.J. Concentrações máximas admissíveis e concentrações negligenciáveis para metais, tendo em conta as concentrações de fundo, Relatório RIVM 601501001. Bilhoven, Netherlans, 1997, 260 pp.

Cullen W.R., Reomer K.J. Arsenic speciation in the environment, Chem, Rev, v. 89, 1989, pp. 713-764.

Dabakhov M.V., Poluição por metais pesados de solos de paisagens urbanizadas e zonas industriais na influência da tecnogénese mineira: aspectos metodológicos e resultados, In "Contemporary Problems of Soil Pollution", t. 2, . M., 2007 pp. 38-42 (em russo).

Dahn R., Scheidegger A.M., Manceau A., Schlegel M., Baeyens B., Bradbary H., Morales M., Neoformação de filossilicato de Ni aquando da absorção de Ni na montmorilonite. Um estudo cinético por pó e EXAFS polarizado, Geochim. Cosmochim. Acta., v. 66, 2002, pp. 2335-2347.

Darousin, J., Hollis, J., Jamagne, M., King, D., Le Bas, C., Thomasson, A.J. Guidelines for the elaboration of a Soil Geographical Database of Europe, versão 3.1., 1995.

Davis J.A., Leckie J.O. Ionização da superfície e complexação na interface óxido/água. 3 Adsorbtion of anions, J. Colloid Iterface Sci. V. 74, 1980, pp. 32-43.

Davies S.H.R., Morgan J.J., Manganese(II) oxidation-kinetics on metal-oxide surfaces, J. Colloid Interface Sci... v. 129, 1989, pp. 63-77.

De Jong W.A., Apra E., Windus T.L., Nichols J.A., Harrison R.J., Gutowski K.E., Dixon D.A., Complexation do carbonato, nitrato, e aniões de acetato com a dicação de uranilo: estudos funcionais de densidade com potenciais de núcleo efectivo relativista, J. Phys. Chem., v. 110, 2005, pp. 11568-11577.

Decisão do Ministério da Agricultura e do Desenvolvimento Rural da República da Polónia sobre os níveis mais elevados de substâncias nocivas no solo e sobre a determinação das organizações responsáveis pela avaliação dos valores reais dessas substâncias. 531/1994;

Decreto sobre os Valores Limites, Avisos e Concentração Crítica de Substâncias Perigosas no Solo. (Jornal Oficial da República da Eslovénia, 1995, No. 68/96).

Decreto do Ministério do Ambiente da República Checa n°. 13/1994 Coll. Critérios de poluição do solo e das águas subterrâneas. Instrução metodológica. Ministério do Ambiente, Agosto, 1996.

Dermatas D., Chrysochoou M., Moon D.H., Grabb D.G., Wazne M., Christodoulatos C., Ettringite-induced heave in cromite processing residue (COPR) upon ferrosus sulfate treatment, Environ. Sci. Technol., v. 40, 2006, pp. 5786-5792.

Dhillon K.S., Dhillon S.K., Distribuição e gestão de solos esplêndidos, Adv. Agron., v.79, 2003, pp. 119-184.

Dmytrakov L.M., Dmitrikova L.K., Abashina N.A., Pinsky D.L. Effect of lead on the morphometric parameters of oats, Agrochemistry, 8 (2004) 48-53 (em russo)

Duplo padrão poluente - https://en.wikipedia.org/wiki/Dutch_pollutant_standards

Dobrovolsky V.V. Fundamentals of Biogeochemistry, ACADEMIA, Moscovo, 2003, 397 pp. (em russo).

Domagalski J., Mercúrio e metilmercúrio na água e sedimentos da Bacia do Rio Sacramento, Califórnia, Appl. Geochem., v. 16, 200, pp. 1677-1691.

Eary L.E., Rai D., Chromate reduction by subsurface soils under acidic conditions, Soil Sci. Soc. Am. J., V. 55, 1991, pp. 676-683.

El Bilali L., Rasmussen P.E., Hall G.E.M., Fortin D., Role of sediment composition in trace metal distribution in lake sediments, Appl. Geochem.v.17, 2002, pp. 1171-1181.

Elless M.P., Timpson M.E., Lee S.Y., Concentração de partículas de urânio dos solos usando uma nova técnica de separação de densidade, Soil Sci. Soc. Am. J.v. 61, 1997, pp. 626-631.

Política e regulamentação ambiental na RÚSSIA - (Organização para a Cooperação e Desenvolvimento Económico) OCDE - http://www.oecd.org/env/outreach/38118149.pdf

Base de Dados de Solos Europeia versão 1.0. CD-ROM, Gabinete Europeu do Solo, JRC, Comissão Europeia, 1999.

Dicionário explicativo sobre a ciência do solo. Ed. A.A. Rode., Science, Moscovo, 1975, 286 pp. (em russo)

Limites de exposição no solo Ministério do Ambiente da Estónia 16 de Junho de 1999 No 58. REGULAMENTO N.º 58 (16.06.1999) (cancelado)

FAO-UNESCO. Mapa do Mundo do Solo - Lenda. UNESCO, Paris, França, 62, 1974. [36] Valores-limite da Hungria - Grau Conjunto n° 10/2000. (VI.2.) KoM-EuM-FVM-KHVM dos ministros da protecção ambiental, saúde pública, agricultura e desenvolvimento regional, e do tráfego, comunicação e gestão da água sobre os valores-limite necessários para proteger a qualidade das águas subterrâneas e do meio geológico, 2000.

Felix-Henningsen P... Sayed M.A.H.A, E-Narimanidze-King E., Steffens D., Urushadze T. Formas ligadas e disponibilidade de plantas de metais pesados em kastanozems irrigados e altamente poluídos no vale de Mashavera, SE Georgia, J. Annals of Agrarian Science, vol. 9, No 1 (2011) 111-119.

Felix-Henningsen, P., Steffens D., Urushadze T.F., Narimanidze E.I., Kalandadze B. Absorção de metais pesados por culturas alimentares de Kastanozems altamente poluídos num distrito de irrigação a sul de Tbilisi, Geórgia Oriental. In: King L & Khubua G (Eds.) Georgia in Transition 2009, 265-284.

Felix-Henningsen, P., Urushadze T.F., Narimanidze E.I., Wichmann L. Steffens D., Kalandadze B. Poluição de solos e culturas alimentares por metais pesados devido a resíduos mineiros no vale do rio Mashavera. Touro. Georgiano Nat. Acad. Sci., vol. 175, no 3, 2007, 97-106.

Felix-Henningsen, P., Urushadze T.F., Steffens O., Kalandadze B., Narimanidze E. Absorção de metais pesados por culturas alimentares a partir de solos altamente poluídos, semelhantes a chernozem, num distrito de irrigação a sul de Tbilisi, Geórgia Oriental, Agronomy Research, 8(1), 2010, pp. 781-795.

Fendorf S., Wielinga B.W., Hansel C.M., Transformação do crómio em ambientes naturais: O papel dos processos biológicos e microbiológicos na redução do crómio(VI), Int. geol. Rev. v. 42, 2000, pp. 691-701.

Filgueras A.V., Lavilla I., Bendicho C. Extracção sequencial química para partição de metais em amostras sólidas ambientais, J. Environ. Monit. V.4, 2002, pp. 823-857.

Filliela M., Belzile N., Chen Y.W., Antimony in the environment: uma análise centrada nas águas naturais. I. Ocorrência, Earth-Sci. Rev., v. 57, 2002a, pp. 125-176.

Filliela M., Belzile N., Chen Y.W., Antimony in the environment: uma análise centrada nas águas naturais. II. Química da solução relevante, Earth-Sci. Rev., v. 59, 2002b, pp. 265-285.

Flower B.A., Goerring P.L., Antimony, Metals and their compounds environment: Ocorrência, análise e biol. relevância. Weinheim, 1991, pp. 743-750.

Ford R.G., Scheinost A.C. Scheckel K.G., Sparks D.L., The link between clay mineral weathering and the stabilization of Ni surface precipitates, Environ. Sci. Technol., v. 33, 1999, pp. 3140-3144.

Ford R.G., Sparks D.L.6 A natureza dos precipitados de Zn formados na presença de pirofilite, Environ. Sci. Technol., v. 34, 2000, pp. 2479-2483.

Fredrickson J.K., Zachara J.M., Kennedy D.W., Duff M.C., Gorby Y.A., Li S.M., Krupka K.M. Redução das suspensões deU(VI) em goetite (aFeOOH) por uma bactéria dissimilatória redutora de metais, Geochim. Cosmochim. Acta., v.64, 2000, pp. 3085-3098.

Frenkel A.I., Korshin G.V., Ankudinov A.L. XANES estudo de locais de ligação Cu2+ em substâncias húmicas aquáticas, Environ. Sci. Technol., V. 34, 2000, pp. 2138-2142.

Fuller C.C., Davis J.A., Waychunas G.A., Química de superfície de ferrihidrite: Parte 2. Cinética da adsorção e coprecitação de arseniato, Geochim. Cosmochim. Acta., v.57, 1993. Pp. 2271-2783.

Fuzailov Iu. M. About biological part of antimony in organism, Medical J. of Uzbekistan, # 8, 1984, pp. 72-73 (em russo).

Ghambashidze G.O., Blum W.H., Urushadze T.F., Mentler A. Heavy metals in soils, J. Annals of Agrarian Science, vol. 4, No. 3 (2006) 7-11.

Ghambashidze G., Urushadze T., Blum W., Mengler A., Heavy metals in some soils of the West Georgia, Eurasian Soil Sc., 8 (2014) 1014-1024.

Goldberg S., Glaubig R.A., Anion sorption on a calcareous, montmorillonitic soil-arsenic, Soil Sci. Soc. Am. J., 52, 1988, pp. 1297-1300.

Gorbunov A.V., Frantasyeva M.V., Gudorina S.F., Onischenko T.L., Maksjuta B.B., Pal C.S., Effect of agricultural use of phosphogypsum on trace elements in soils and vegetation, Sci. Total Environ. 1992, V. 122, pp. 337-346.

Grafe M., Eick M.J., Grossel R.P., Adsorção de arseniato (V) e arsenite (III) em goetite na presença e ausência de carbono orgânico dissolvido, Soil Sci. Soc. Am. J., v. 65, 2001, pp. 1680-1687.

Gray J.E., Theodorakos P.M., Bailey E.A., Timer R.R., Distribuição, especiação, e transporte de mercúrio em sedimentos de riachos, água de riachos, e peixes recolhidos perto de minas de mercúrio abandonadas no sudoeste do Alasca, E.U.A., Sci. Total. Environ., V. 260, 2000, pp. 21-33.

Greenwood N., Ernsho A. Chemistry of Elements, Elsevier, Kidlington, 1997.

Griffin T.M., Rabehorst M.C., Fanning D.S. Iron and trace metals in some tidal marsh soil of the Chesapeake Bay. Soil Sci. Soc. Am. J. v. 53 (1989), pp. 1010-1019.

Cullen W.R., Reomer K.J., Arsenic speciation in the environment, Chem. Rev., v. 89, 1989, pp. 713764.

Hanauer T., Felix-Henningsen P., Kalandadze B., Urushadze T., Sehnell S., Steffens D. Contaminação por metais pesados de terras de cultivo irrigadas no Vale de Mashavera, SE Geórgia. Problemas reais das regiões montanhosas, Vakhusti Bagrationi Institute of Geography, 2 (81) 2008, pp. 380-389.

Hanauer T., Navrozashvili L.V., Schnell S., Kalandadze B.B., Urushadze T.F., P. Felix-Henningsen. A poluição do solo com Cu, Zn e Cd pela extracção de metais não ferrosos afecta a actividade microbiana do solo de kaztanozems no Vale de Machavera, J. Annals of Agrarian Science, vol. 9, # 2, 2011, 38-44.

Hansel C. M., Benner S.G., Neiss J., Dohnalkova A., Kukkadapu R.K., Fendorf S. Vias secundárias de mineralização induzidas por redução dissimilatória de ferrihidrite sob fluxo advectivo, Geochim. Cosmochim. Acta., v.67, 2003, p. 2977-2992.

Heinrichs H., Mayer R., Distribuição e ciclagem de elementos principais e vestígios em dois ecossistemas florestais da Europa Central, J. Env. Qual., v.6, 1977 pp. 402-407.

Henning C., Tutschku J., Rosenberg A., Bernhard G., Scheinost A., Investigação comparativa EXAFS de complexos de urânio (VI) e (IV) aquo-cloro em solução utilizando uma célula espectroelectroquímica recentemente desenvolvida, Inorg. Chem., v. 44, 2005, pp. 6655-6661.

Hesterberg D., Chou J.W., Hutchison K.J., Sayers D.E., Bonding of Hg(II) to reduced organic sulfur in humic acid as affected by S/Hg ratio, Environ. Sci. Technol., v. 35, 2001, pp. 2741-2745.

Hesterberg D., Sayers D.E., Zhou W.Q., Plummer G.M., Robarge W.P., espectroscopia de absorção de raios X de chumbo e zinco no aquífero de águas subterrâneas contaminadas, Environ. Sci. Technol., v. 31, 1997, pp. 2840-2846.

Ilyin V.B. Evaluation of existing standards for heavy metals in soil, Agrochemistry, 9. (2000) 74-79 (em russo).

Ilyin V.B., Syso A.I., Microelementos e metais pesados em solos e plantas Região de Novosibirsk, Secção de Novosibirsk da Academia das Ciências da Rússia, Novosibirsk, 2001, pp. 236 (em russo).

Isaure M.P., Manceau A., Geoffroy N., Laboudigue A., Tamura N., Marcus M.A., Zink mobility and speciation in soil covered by contaminated dredged sediment using micrometer-scale and bulk-averaging Fluorescência de raios X, técnicas de absorção e difracção, Cheochim. Cosmochim. Acta., v. 69, 2005, pp. 1173-1198.

ISSS-ISRIC-FAO. Base Mundial de Referência de Recursos de Solos. Relatórios dos Recursos Mundiais de Solos 84. FAO, Roma, 1998.

Ivanov V.V., Geoquímica Ecológica de elementos, livro. 1. Nedra, Moscovo, 1994, 303 pp. (em russo). Ivanov V.V., Geoquímica ecológica dos elementos, livro. 3. Ecologia Moscovo, 1996a., 351 pp. (em russo).

Ivanov V.V., Geoquímica Ecológica de elementos, livro. 4 Ecologia, Moscovo, 1996b., 407 pp. (em russo).

Ivanov V.V., Geoquímica Ecológica de elementos, livro. 6 Ecologia, Moscovo 1997, 606 pp. (em russo).

Jackson B.P., Miller W.P., Effectiveness of phosphate and hydroxide for desorbtion of arsenic and selenium species from iron oxides, Soil Sci. Soc. Am. J., v. 64, 2000, pp. 1616-1622.

Jain A., Loeppert R.H., Effect of competing anions on the adsorption of arsenate and arsenite by ferrigydrite, J. Env. Qual., v. 29, 2004, pp. 1422-1430.

James B.R., Bartlett R.J., Comportamento do crómio nos solos. 5. Destino do Cr(III) organicamente complexado adicionado ao solo, Environ. Sci. Technol., v. 12, 1983, pp. 169-172.

Johnson J., Schewel L., Graedel T.E., The contemporary anthropogenic chromium cycle, in: Ambiente. Sci. Technol., v. 40, 2006, pp. 7060-7069.

Juillot F., Morin G., Ildefonce P., Trainor T.P., Benedetti M., Laurence G., Calas G., Brown G.E., Ocorrência de Zn/Al hydrotalcite em solos de fundição impactados do norte de França: Evidência da espectroscopia EXAFS e das extracções químicas, Am. Mineral., v. 88, 2003, pp. 509-2526.

Kabata-Pendias A., Oligoelementos no solo e plantas. Boca Raton, Londres, N.Y: CRC Press, 2011, 450 pp.

Karlsson T., Persson P., Skyllberg U. Espectroscopia de absorção de raios X ampliada para a complexação do cádmio por grupos reduzidos de enxofre em matéria orgânica natural, Environ. Sci. Technol., v. 39, 2005, pp. 3048-3055.

Kaverina N.V. Organização da monitorização ecológica do solo de terras agrícolas utilizando sedimentos de sedimentos de instalações de tratamento biológico sob a influência do tipo de tecnogénese mineira: aspectos metodológicos e resultados, In "Contemporary Problems of Soil Pollution". T.2, M., 2007 pp, 68-70 (em russo).

Kaygorodova S.Yu., Smirnov Yu.G., Duration of existence of technogenic geochemical anomaly in the zone of influence of the copper smelting plant in the Middle Urals, In "Contemporary Problems of Soil Pollution", 1, Moscovo, 2007, pp. 92-96 (em russo).

Kim C.S., Brown G.F., Rytuba J.J., Characterization and speciation mercury-bearing mine wastes using X-ray absorption spectroscopy, Sci. Total Environ, V. 261, 2000, pp. 157-168.

Kim C.S., Bloom N.S., Rytuba J.J., Brown G.E., especiação de Mercúrio por espectroscopia de estrutura fina de absorção de raios X e extracções químicas sequenciais: Uma comparação dos métodos de especiação, Environ. Sci. Technol. V. 37, 2003, pp. 5102-5108.

King J.K., Harmon S.M., Fu T.T., Gladden J.B., Mercury removal, methylmercury formation, and sulfate-reducing bacteria profiles in wetland mesocosms, Chemosphere, v. 46, 2002, pp. 859-870. Kirpichtchikova T.A., Manceau A., Spadini L., Panfili F., Marcus M.A., Jacquet T., Speciation and solubility of heavy metals in contaminated soil using X-ray microfluorescence, EXAFS spectroscopy, chemical extraction, and thermodynamic modeling, Geochim. Cosmochim. Acta. 2006. V. 70, 2006, pp. 2163-2190.

Kolesnikov S.I. Classificação dos elementos químicos de acordo com o grau do seu perigo ecológico // Problemas contemporâneos de contaminação do solo. III Int. Conf. M., 2010. P. 362-365 (em russo). Kovalskii V.V., Ecologia geoquímica, Nauka, Moscovo, 1975, 336 pp. (em russo).

Kozlov M.N., Danilovich D.A., Nikolaev Yu.A., Vanyushina A.Ya., Shchegolkova N.M., Prospects of soil utilization of organic matter and biogenic elements released at Moscow sewage treatment plants, in: Realizações fundamentais na ciência do solo, ecologia, agricultura no caminho da inovação, Moscovo, 2008. pp. 45-46 (em russo).

Krupka K.M., Serve R.J., Factores geoquímicos que afectam o comportamento do antimónio, cobalto, európio, tecnécio e urânio em sedimentos de vadose, Relatório № 10379. Laboratório Nacional do Noroeste do Pacífico. Richland. Lavagem. EUA. 2002.

Kuraev V.N., Potapov A.S., Taran V.S., Utilização de lamas de depuração como fertilizantes em reflorestação // Realizações fundamentais na ciência do solo, ecologia, agricultura no caminho da inovação, M., 2008 pp. 46-48 (em russo).

Kwong Y.T.J., Roots J.F., Roach P., Kettley W.,Transporte e atenuação de metais pós-mina no distrito mineiro de Kenj Hill, centro de Yukon, Canadá, Environ. Geol., v. 30, 1997, pp. 98-107.

Ladonin D.V., Kebadze N.D., Comparação de diferentes formas de decomposição de solos para determinar o conteúdo de metais pesados pelo método ISP-MS, in: Problemas modernos de contaminação do solo. T.2, M., 2007. pp. 203-208. (em russo).

La Force M.J., Fendorf S., Solid-phase iron characterization during common selective sequential extraction, Soil Sci. Soc. Am. J., v. 64, 2000, pp. 1608-1615.

Leuz A.-K., Monch H., Johnson C.A., Sorption of Sb(III) e Sb(V) para Goethite: Influência sobre a oxidação e mobilização de Sb(III), Environ. Sci. Technol., v.40, 2006, pp. 7277-7282.

Linnik P.N., Nabivanets BI Formas de migração de metais em águas doces de superfície. L .: Gidrometeoizdat, 1986, 269 pp. (em russo).

Lintschinger J., Michalke B., SchulteHostede S., Schramel P., Studies on speciation of antimony in soil contaminated by industrial activity, Int. J. Environ. Anal. Chem., v. 72, 1998, pp. 11-25ю

Lituânia HN 60: 2004. Concentração máxima de substâncias químicas nocivas no solo. (Jornal Oficial nº 41, 1356-1357).

Loria N., Labartkava N., Dugashvili D. The content of Arsenic and Cooper in Environmental objects of river Poladauri Gorge, Georgian chemical J., vol. 4, # 2, 2009, 177-179 (em georgiano).

Luo W., Gu B., Dissolução e mobilização de urânio num sedimento reduzido por substâncias húmicas naturais em condições anaeróbias, Environ. Sci. Technol., v. 43, 2009, pp. 152-156.

Lyubimova I.N., Borischkina T.I., Effect of potentially hazardous chemical elements contained in phosphogypsum on the environment, Dokuchaev Soil. Instituto. Moscovo, 2007, 46 pp. (em russo). Majzlan

J., Myneni S.C.B., Speciation of iron and sulfate in acid waters: aqueous clusters to mineral precipitates, Environ. Sci. Technol., v. 39, 2005, pp. 188-194.

Gestão do Ministério dos Recursos Naturais de 7 de Julho de 1986 (Monitor Polski No. 23 datado de 31 de Julho de 1986).

Manceau A., Boisset M.C., Sarret G., Hazemann J.L., Mench M., Cambier P., Prost R., Determinação directa da especiação do chumbo em solos contaminados por espectroscopia EXAFS, Environ. Sci. Technol.,v. 30, 1996, pp. 1540-1552.

Manceau A., Lanson B., Schlegel M.L., Harge J.C., Musso M., Eybert-Berard L., Hazemann J.-L., Hazemann J.-L., Chateigner D., Lamble G.M., Quantitative Zn speciation in smelter-contaminated soils by EXAFS spectroscopy, Am. J. Sci., v. 300 (2000), pp. 289-343.

Manceau A., Marcus M.A., Tamura N. Especiação quântica de metais pesados em solos e sedimentos por técnicas de raios X sincrotrão, in: Aplicações da Radiação Sincrotrónica em Geoquímica de Baixa Temperatura e Ciência Ambiental. Revisões em Mineralogia e Geoquímica. Washington, DC, V. 49, 2002, pp. 341-428.

Manceau A., Tamura N., Celestre R.S., Macdowell A.A. Geoffroy N., Sposito G., Pad-more H.A., Molecular scale speciation of Zn and Ni soil ferromanganese nodules from loess soils of the Mississippi Basin, Environ. Sci. Technol., v. 37, 2003. pp. 75-80.

Manceau A., Marcus M.A., Tamura N., Prous O., Geoffroy N., Lanson B., Especiação natural de Zn à escala do micrómetro num solo argiloso usando fluorescência de raios X, absorção, e difracção, Geocim. Cosmochim. Acta, v. 68, 2004, pp. 2467-2483.

Manceau A., Marcus M.A., Tamura N., Prous O., Geoffroy N., Lanson B., Especiação natural de Zn na escala do micrómetro num solo argiloso usando fluorescência de raios X, absorção, e difracção, em:: Geocim. Cosmochim. Acta, vol. 68, 2004, pp. 2467-2483.

Mandal B.K., Suzuki K.T., Arsénico em todo o mundo: Uma revisão, Taianta. V. 58, 2002, pp. 210-235.

Manning B.A., Fendorf S.E., Goldberg S., Surface structures and stability of arsenic(III) on goethite: spectroscopic evidence for innersphere complexes, Environ. Sci. Technol., v. 32, 1998, pp. 2383-2388.

Manning B.A., Goldberg S., Modeling competitive adsorption of arsenate with phosphate and molybdate on oxide minerals, Soil Sci. Soc. Am. J., v. 60, 1996, pp. 121-131.

Martens D.A., Saurez D.L., Selenium speciação de xistos marinhos, solos aluviais, e solos de bacia de evaporação da Califórnia, J. Environ. Qual., v. 26, 1997, 424-432.

Martinez C.E., Bazilevskaya K.A., Lanzirotti A., coordenação de zinco a múltiplos átomos de ligante em solos de superfície ricos em orgânicos, em: Ambiente. Sci. Technol., v. 40, 2006, pp. 5688-5695.

Martinez C.E., McBride M.B., Kandianis M.T., Duxbury J.M., Yoon S., Bleam W.F., Zinc-sulfur e associação cádmio-sulfur em turfas metalíferas: provas de espectroscopia, coeficientes de distribuição, e fito disponibilidade, em..: Ambiente. Sci. Technol., v. 36, 2002, pp. 3683-3689.

Mason R.P., Reinfelder J.R., Morel F.M., Uptake, toxicity, and trophic transfer of mercury in coastal diatom, Environ. Sci. Technol., v. 30, 1996, pp. 1835-1845.

Matveev Yu.M., Avdonkin A.A., Approaches to the normalization of the level of exposure (load) of arsenic of arsenic to the soil cover of the Russian Federation, in: Modernos problemas de contaminação do solo, t. 2, M., 2007, pp. 118-122 (em russo).

Mazhaysky Yu.A., Kosheleva NE, Dorokhina O.E. The balance of heavy metals in the agroecosystems of the Meshcherskaya lowland with the use of contaminated irrigation water, Agrochemistry, 12 (2008) pp. 45-55 (em russo).

McArthur J.M., Ravenscroft P., Safiulla S., Thirlwall M.F., Arsenic in groundwater: testing pollution mechanisms for sedimentary aquifer in Bangladesh, Water Resour., v. 37, 2001, pp. 109-117.

McBride M.B., Transition metal binding in humic acids: An ESP study, Soil Sci., v. 126, 1978, pp. 200209.

McKinley J.P., Zachara J.M., Liu C., Heald S.C., Prenitzer A.I., Kempshall B.W., Microscale controls on the fate of contaminant uranium in the vadose zone, Hanford Site, Washington, Geochim. Cosmochim. Acta.v.70, 2006, pp. 1873-1887.

Mengel K., Kirkby E.A., Principles of lant nutrition, Int. Potash Inst. Berna, 1987.

Mitsunobu S., Harada T., Takahashi Y., Comparação do comportamento antimónio com o do arsénico sob várias condições de redox do solo, Environ. Sci. Technol., V. 40. 2006, pp. 7270-7276.

Morin G., Juillot F., Casiot C., Bruneel O., Persone J.-C., Elbazpoulichet F., Leblanc M., Ildefonse P., Calas G., Bacterial formation of tooeleite and mixed arsenic (III) or arsenic (V) - géis de ferro (III) na drenagem da mina ácida de Camoules, França. Um estudo XANES, XRD, e SEM, Environ. Sci. Technol., v. 37, 2003, pp. 1705-1712.

Morin G., Ostergren J.D., Juillot F., Ildefonse P., Calas G., Brown J.E. XAFS determinação da forma química do chumbo em solos contaminados por fundição e rejeitos de minas: Importância do processo de adsorção, Am. Mineral., vol. 84, (1999) 420-434.

Morrison S.J., Metzler D.R., Carpenter C.E., Precipitação de urânio numa barreira reactiva permeável por ferro zerovalente de dissolução progressiva irreversível, Environ. Sci. Technol., v. 35, 2001, pp. 385-390.

Motuzova G.V., Bezuglova O.S., Ecological monitoring of soils, Gaudeamus, Moscovo, 2007, 237 pp. (em russo).

Munthe J., Lyven B., Parkman H., Lee Y.-H., Iverfeldt A., Haraldsson C., Verta M.P., Mobility and mehylation of mercury in forest soil development of in-situ stable isotope tracer technique and initial results, Water, Air, Soil Pollut., 2001, pp. 385-393.

Nachtegaal M., Sparks D.L. Effect of iron oxide coating on zinc sorption mechanisms at the clay-minerals/water interface, J. Colloid Interface Sci., v. 276, 2004, pp. 13-23.

Neal R.H., Sposito G., Selenate adsorption on Alluvial Soils, Soil Sci. Soc. Am. J., v.53, 1987, pp. 70-74. Neal R.H., Sposito G., Holtzclaw K.M., Traina S.J., Selenate adsorption on Alluvial Soils: I. Composição do solo e efeitos de pH, Soil Sci. Soc. Am. J., v.51, 1987, pp. 1161-1165

Nechaeva Ye. G., The impact of the oil industry on the soil cover of the Middle Ob region, B "Contemporary problems of soil pollution" T. 17 Moscow, 2007, pp. 171-174 (em russo).

Nickson R.T., McArhtur J.M., Ravenscroft P., Burgess W.C., Ahmed K.M., Mechanism of arsenic release to groundwater Bangladesh and West Bengal, Appl. Geochem., v. 15, 2000, pp. 403-413.

O'Loughlin E.J., Kelly S.D., Kemner K.M., XAFS investigação das interacções de UVI com produtos de mineralização secundária da bioredução de óxidos de FeIII, Environ. Sci. Technol., v. 44, 2010, pp. 1656-1661.

Oniani O.G., Margvelashvili G.N., Javakhishvili G.A., Natural content of heavy metals in some of soil types of Eastern Georgia, J. Annals of Agrarian Science, 1 (2003) 46-49 (em russo).

Opekunova M.G., Assessment of the ecological state of soils in the impact area of mining enterprises in the Southern Urals, Resource potential of soils is the basis of Russia's food and environmental safety. São Petersburgo, 2011, pp. 440-442. (Em russo).

Opekunova M.G., Yelsukova E.Yu., Migração e acumulação de níquel e cobre nos solos na zona de impacto da Combinação de Severoníquel, "Contemporary Problems of Soil Pollution", 1, Moscovo, 2007, pp. 182-186 (em russo).

Portaria nº 756, de 3 de Novembro de 1997, para a aprovação do Regulamento sobre a avaliação da poluição ambiental. Eminente: Ministério das Águas, Florestas e Protecção do Ambiente. (Publicado em: Jornal Oficial nº 303 bis de 6 de Novembro de 1997);

Orlov D.S., Chemistry of Soils, Universidade de Moscovo, Moscovo, 1985. Orlov D.S. Chemistry of Soils, Universidade de Moscovo, Moscovo, 1985, 376 pp. (em russo).

Orlov D.S., Sadovnikova L.K., Lozanovskaya I.N., Ecology and Biosphere Protection in Chemical Pollution, Escola Superior, Moscovo, 2002, 334 pp. (em russo).

Orlov D.S., Sadovnikova L.K., Sukhanova N.I., Soil Chemistry, High School, Moscovo, 2005, 558 pp. (em russo).

Ostergren J.D., Brown G.E., Parks G.A., Tingle T.N., Quantitative speciation of lead in selected mine tailing from Leadvill, Co, Environ. Sci. Technol., v. 33, # 10, 1999, pp. 1627-1636.

Pakhnenko EP, Gunina EA, Nikolaev Yu.A. Avaliação agroecológica das lamas de águas residuais no sul de Butovo para utilização na agricultura sob a influência do tipo de tecnogénese mineira: aspectos metodológicos e resultados, in "Contemporary Problems of Soil Pollution", M., 2010, pp. 411-414 (em russo).

Paktung D., FosterA., Laflamme G., Speciation and characterization of arsenic in Ketza River tailings using X-ray adsorptoin spectroscopy, Environ. Sci. Technol., v.37, 2003, pp. 2067-2074.

Pan R. Captação e transplante de metais transportados pelo ar em culturas, Agro-Env. Protec., v. 3 (1984) pp. 8-10.

Panfili F., Manceau A., Sarret G., Spadini L., Kirpichtchikova T.A., Bert V., Laboudigue A., Marcus M.A., Ahamdach N., Libert M.F. Efeito da fitoestabilização da especiação Zn num sedimento contaminado com dragagem utilizando microscopia electrónica de varrimento, fluorescência de raios X, espectroscopia EXAFS e análise dos principais componentes, in: Geochim. Cosmochim. Acta., v. 69, 2005, pp. 2265-2284.

Panin M.S, Biryukova E.N., Motuzova G.V., The gross content and fractional composition of heavy metal compounds in the rhizosphere of Artemisia absinthium L. in the conditions of technogenic pollution in Ust-Kamenogorsk and its environs, In "Contemporary Problems of Soil Pollution", II Int. conf., Volume 1, Moscovo, 2007, pp. 189-192 (em russo).

Park C.H., Keyhan M., Wielinga B.W., Fendorf S., Matin A. Purificação para homogeneidade e caracterização do romance Pseudomonas pytida chromate reductase, Appl. Environ. Microbiano. V. 66, 2000, pp.. 1788-1795.

Patterson R.R., Fendorf S., Fendorf M., Redução do crómio hexavalente por sulfureto de ferro amorfo, Environ. Sci. Technol., v. 31, 1997, pp. 2039-2044.

Pedersen H.D., Postma D., Jakobsen R., Release of arsenic associated with the reduction and transformation of iron oxides, Geochim. Cosmochim. Acta, v. 70, 2006. pp. 4116-4129.

Perelman A.I., Kasimov N.S., Geochemistry of the landscape, Astrea-2000, Moscovo, 1999. 768 pp. (em russo).

Pickering I.J., Brown G.E., Jr., Tokunaga T.K., Especiação quantitativa de selénio em solos usando espectroscopia de absorção de raios X, Environ. Sci. Technol., v. 29, 1995, pp. 2456-2459.

Pickering I.J., George G.N., Fleet-Stalder V.V. Chasteen T.G., Prince R.C., espectroscopia de absorção de raios X de aminoácidos contendo selénio, J. Biol. Inorg. Chem., v. 4, 1999, pp. 791-794.

Pinskii D.L., Normas de matéria poluída em solos com conta das alterações de massa entre fases eficazes dos solos, em: Comportamento poluente nos solos e paisagens, Puchino, 1990, 74-81 (em russo). Plekhanova I.O. Auto-purificação de solos arenosos e sodo-podzólicos sob contaminação por polielementos como resultado da aplicação de lamas de depuração, B Problemas contemporâneos de contaminação do solo. II Int. Conf. M., 2007. T. I. S. 198-202 (em russo).

Ponizovsky A.A., Mironenko E.V. Mecanismos de absorção do chumbo (II) pelos solos, Soil Science, 4 (2006) 418-429 (em russo).

Pratt A.R., Blowes D.W., Ptacek C.J., Produtos de redução de cromato em material de remediação de subsuperfície proposto, Environ. Sci. Technol., v.31, 1997, pp. 2492-2498.

Actas da Conferência "O ambiente abiótico - avaliação de alterações e perigos - estudos de caso"; Documentos Especiais do Instituto Geológico Polaco, 24 (2008): 45-54, Regulamentos sobre quantidades permitidas de materiais perigosos e prejudiciais na irrigação e irrigação e métodos dos seus testes (Jornal Oficial da República da Sérvia n.º 23/94)

Pronko NA, Korsak VV, Korneeva T.V. Utilização de tecnologias de geoinformação para a monitorização da poluição dos solos irrigados da estepe seca Zavolzhye, B "Problemas contemporâneos de contaminação do solo". T. II Moscovo, 2007, pp. 156-160 (em russo).

Quentel F., Filella M., Elleouet C., Madec C.L., Kinetic studies on Sb(III) oxidation by hydrogen peroxide in aqueous solution, Environ. Sci. Technol., v. 38, 2004, pp. 2843-2848.

Regulamentar as quantidades permitidas de substâncias perigosas e nocivas no solo e os métodos para os seus testes. (Publicado no "Jornal Oficial da República do Montenegro", 2001, No. 18/97).

Robson A.D. Zinco no solo e plantas, Austrália: Klumer Acad. Publicação. 1993.

Rochette E.A., Bostick B.C., Fendorf S., Kinetics of arsenate reduction by dissolved sulfide, Environ. Sci. Technol., v. 34, 2000, pp. 4714-4720.

Roménia PEDIDO Nº 756 de 3 de Novembro de 1997 para a aprovação do Regulamento sobre Avaliação da Poluição Ambiental. Eminente: Ministério das Águas, Florestas e Protecção do Ambiente. (Publicado em: Jornal Oficial n.º 303 bis de 6 de Novembro de 1997), 1997.

Ryser A.L., Strawn D.G., Marcus M.A., Johnson-Maynard J.L., Gunter M.E., Moller G., Investigação Micro-espectroscópica de minerais com selénio da Área de Recursos de Fosfato dos EUA Ocidentais, Geochem. Trans., v. 6, 2005, pp. 1-11.

Ryser A.L., Strawn D.G., Marcus M.A., Fakra S., Johnson-Maynard J.L., Moller G., Microscopically focalizada investigação de raios-X sincrotrão de especiação de selénio em solos que se desenvolvem em terras mineiras recuperadas, Environ. Sci. Technol., v. 40, 2006, pp. 462-467.

Rytuba J., drenagem de minas de mercúrio e processos que controlam o impacto ambiental, em: Sci. Total Environ., v. 260, 2000, pp. 57-71.

Sadovnikova L.K., Zyrin N.G., Indicators of soil contamination with heavy metals and nonmetals in soil-geochemical monitoring, Soil Science, 10 (1985), pp. 84-89 (em russo). Salminen R., Tarvainen T. The problem of defining geochemical baselines, A case study of selected elements and geological materials in Finland, J. Geochem. Explor., 60 (1997) 91-98. Solos da Lituânia. Lietuvos mokslas. Vilnius, 2000.

Sal D.E., Prince R.C., Baker A.J.M., Pickering I.J. Ligandos de zinco no hiperacumulador de metal Thlaspi caerulescens conforme determinado usando espectroscopia de absorção de raios X, Environ. Sci. Technol., V. 33, 1999, pp. 713-717.

Sarret G., Balesdent J., Bauziri L., Garnier J.M., Marcus M.A., Geffroy N., Panfili F., Manceau A., Zn especiação no horizonte orgânico de solo contaminado por microX-espectroscopia de fluorescência e pó-EXAFS, e diluição isotópica, Environ. Sci. Technol., v. 38, 2004, pp. 2792-2801.

Sarret G., Saumitou-Laprade P., Bert V., Proux O., Hazemann J.-L. Traverse A., Martinez C.E., Manceau A., Forms of zinc accumulated in the hyperaccumulator Arabidopsis halleri, Plant Physiol., v. 130, 2002, pp. 1815-1826.

Sass B.M., Rai D. Solubilidade de solução sólida de hidróxido de crómio amorfo(III)-ferro(III), Inorg. Chem., v. 26, 1987, pp. 2228-2232.

Satroundinov A.D., Dedyukhina E.G., Chistyakova T.I., Witschel M., Minkevich I.G., Eroshin V.K., Egli T. Degradação de complexos metal-EDTA por células em repouso da estirpe bacteriana DSM 9103, Environ. Sci. Technol. V.34, 2000, pp. 1715-1720.

Savage K.S., Tingle T.N., O'Day P.A., Waychunas G.A., Bird D.K. Arsenic speciation in pyric and secondary weathering phases, Mother Lode Gold District, Tuolumne Country, California, Appl. Geochem, V. 15, 2000, pp. 1219-1244.

Savenko V.S., Savenko A.V. Métodos experimentais para o estudo de processos geoquímicos a baixa temperatura em GEOS, Moscovo, 2009 (em russo).

Savichev A.T., Vodyanitskii Yu.N. Determonation of barium, lanthanum and cerium contents in soils by X-ray radiometric methos, Eurasian Soil Sci. v. 42, 2009, pp. 1461-1469.

Shchegolkova N.M., Vanyushina A.Ya., Formação de solo artificial no ambiente urbano: novas abordagens para a solução de problemas ambientais de megalópole sob a influência da tecnogénese mineira: aspectos metodológicos e resultados, em "Problemas Contemporâneos de Poluição do Solo". M., 2010, pp. 180-182 (em russo).

Scheinost A.C., Krerzchmar R.S., Prister S., Roberts D.R., Combinando extracções sequenciais selectivas, espectroscopia de absorção de raios X, e análise de componentes principais para especiação quantitativa de zinco no solo, in: Ambiente. Sci. Technol., v. 36, 2002, pp. 5021-5028.

Scheinost A.C., Rossberg A., Vantelon D., Xifra I.O., Krerzchmar R., Leuz A.-K., Funke H., Johnson C.A., Quantitative antimony speciation in shooting-range soil by EXAFS spectroscopy, Geochim. Cosmochim. Acta., v. 70, 2006, pp. 3299-3312.

Schlegel M.L., Manceau A., Charlet L., Chateigner D., Hazemann J.L. Sorção de iões metálicos sobre minerais argilosos. III. Nucleação e crescimento epitaxial de filossilicato de Zn nas bordas de hectorite, in: Geochim. Cosmochim. Acta., V. 65, 2001, pp. 4155-4170.

Shotuk W., Weiss D., Appleby P.G., Cheburkin A.K., Frei R., Gloor M., Kramers J.D., Reese S., Van Der Knapp W.O., History of atmospheric lead deposition since 12.370 14C yr BP from a peat bog, Jura mountains, Switzerland, Science, v. 281, 1998, pp. 1635-1640.

Skyllberg U.L., Xia K., Bloom P.R., Nater E.A., Bleam W.F., Bleam W.F., Binding of Hg(II) to reduced

89

sulfur in soil organic matter along upland-peat soil transects, J. Environ. Qual., v. 2, 2000, pp. 855-865.

Shoba S.N., Makarov O.A., Kulachkova S.A., Innovations in ecology, soil science with agriculture, MAKS-Press, 2010, 120 pp. (em russo).

Sladek C., Gustin M.S. Avaluation of sequential and selective extraction methods for determination of mercury speciation and mobility in mine waste, Appl. Geochem, v. 18, 2003, pp. 567-576.

Smedley P.L., Kinniburgh D.C., A review of the source, behavior and distribution of arsenic in natural waters, Appl. Geochem., v. 17, 2002, pp. 517-568.

Smedley P.L., Zhang M., Zhang G., Luo Z., Mobilization of review of arsenic and other trace elements in fluviolacustrine aquiefers of the Huhhot Basin, Inner Mongolia, Appl. Geochem., v. 18, 2003, pp. 1453-1477.

Base de dados de solos e terrenos, estado de degradação do solo e avaliação da vulnerabilidade do solo para a Europa Central e Oriental Versão 1.0 (escala 1:2.5 milhões). CD-ROM. Série de Meios Digitais de Terra e Água da FAO 10. ISRIC, FAO, 2000.

Solos da Lituânia. Lietuvos mokslas. Vilnius, 2000.

Relatório estatal sobre o estado e a protecção do ambiente da Federação Russa em 2007, Min. Natural Resources and Ecology, Moscovo, 2008, 503 pp. (em russo).

Strawn D., Doner H., Zavarin M., McHugo S., Microscale investigation into the geochemistry of arsenic, selenium, and iron in soil developed in pyretic shale materials, Geoderma, v. 108, 2002, pp. 237-257.

Struijs J., van den Meent D., Peijnenburg W.J.G.M., van den Hoop M.A.G.T., e Crommentuijn T. Abordagem de risco adicional para obter concentrações máximas permitidas para metais pesados: como ter em conta os níveis de fundo naturais, Ecological Environ. Saf., 37 (1997) 112-118.

Sturman VI, Gabdullin V.M. O problema da protecção do reservatório de Izhevsk contra o impacto das lixeiras de escórias e cinzas, em: Geochemistry of the biosphere, M.-Smolensk, 2006, pp. 348-350 (em russo). Supatshvili G.D., Labartkava N.A., Loria N.V., Dugashvili D.T. Arsénico no solo e plantas produtos alimentares da região de mineração e processamento de minério de sulfureto de arsénico na Geórgia. Annals of Agrarian Science, vol. 8, № 4 (2010) 31-34 (em georgiano).

Supatashvili G., Loria N., Labartkava N., Jokhadze G. The distribution of Arsenic in Georgian's natural Media, Questions of Ecology, TSU, Tbilisi, 2002, 101-109 (em georgiano).

Targulyan V.O., Memória dos solos: formação, portadores, diversidade espaço-temporal. P: Memória dos solos. URSS, Moscovo, 2008, pp. 24-57.

Tamura H., Goto K., Nagayama M., Effect of ferric hydroxide on oxygenation of ferrous-ions in neutral solutions, Corros. Sci., v. 16, 1976, pp. 197-207.

Takahashi Y., Minamikawa R., Hattori H.K., Kurishima K., Kihou N., Yuita K., Arsenic behavior in paddy fields during the cycle of flooded and non-flooded periods, Environ. Sci. Technol., v. 38, 2004, pp. 1038-1044.

Takaoka M., Fukutani S., Yamamoto T., Horiuchi M., Satta N., Takeda N., Oshita k., Yoneda M., Morisawa S., Tanaka T., Determination of chemical form of antimony in contaminated soil around a smelter using X-ray absorption fine structure, Anal. Sci., v. 21, 2005, pp. 769-773.

Tareq S.M., Safiulla S., Anawar H.M., Rahman M.M., Ishizuka T. Arsenic pollution in groundwater: a self-organizing complex geochemical process in deltaic sedimentary environment, Bangladesh, Sci. Total Environ., v. 313, 2003, pp. 213-226.

Taylor M.D., Accumulation of uranium in soils from impurities in phosphate fertilizers, Landbauf. Volkenrode, v. 57, 2007, pp. 133-139.

Tighe M., Lockwood P., Wilson S., Adsorption of antimony(V) by floodplain soils, amorphous iron(III) hydroxide and humic acid, J. Environ. Monit., v. 7, 2005, pp. 1177-1185.

Tokunaga T.K., Sutton S.R., Bujt S., Mapping of selenium concentrations in soil aggregates with synchrotron X-ray fluorescence microprobe, Soil Sci., v.158, 1994, pp. 421-434.

Tokunaga T.K., Sutton S.R., Bujt S., Nuessle P., Shea-McCarthy G., Selenium diffusion and reduction at the water-sediment boundary: Micro-XANES spectroscopyof reactive transport, Environ. Sci. Technol., v. 32, 1998, pp. 1092-1098.

Ulrich K.U., Rossberg A., Foerstendorf H., Zanker H., Scheinost A.C., Molecular characterization of uranium (VI) sorption complexes on iron (III)-rich acid mine water colloids, Geochim. Cosmochim. Acta, v. 70, 2006, pp. 5469-5487.

Urushadze T., Blum W., Soils of Georgia, Nova, New-York, 2014, 242 p.

Urushadze T., Ghambashidze G., Blum W., Mentler A. Soil contamination with heavy metals in Imereti region (Georgia), Bulletin of the Georgian National Academy of Sciences, 175 (2007) 122-130.

Vacha R., Sanka M., Hauptman I., Zimova M. Cechmankova J., Assessment oflimit values of risk elements and persistent organic pollutants in soil for Czech legislation, Plant J. Soil Environ. Vol. 60, No. 5:2014, 191-197

Van der Lebie D., Schwitzguebel J.P., Glass D.J. Vangronsveld J., Baker A., Assessing phytoremediations progress in the United States and Europe, Environ. Sci. Technol., v. 35, 2001, pp. 446A-452A.

Van Lynden, G.W.J., Guidelines for the assessment of soil degradation in Central and Eastern Europe (Projecto SOVEUR). Centro Internacional de Referência e Informação sobre o Solo. Relatório 97/08b Edição revista. 22, 1997.

Varallyay, G., Problemas ambientais dos solos e do uso do solo na Hungria. In: Proc. Swedish- Hungarian Seminar on Environmental Problems in Agriculture, Estocolmo, 1990, pp 129- 155. Varava O.A., Soils of river valleys of urban areas. Resumo do autor. Moscovo, 2010, 26 pp. (em russo).

Varshal G.M., Veljukhanova T.K., Chkhetia D.N. et al., Humic acids as a natural complexforming sorbent that concentrates heavy metals in environmental objects. // Barreiras geoquímicas na zona de gipregénese. Int. Simpósio. M., 1999. c. 51-53 (em russo).

Violante A., Pigna M., Competitive sorption of arsenate and phosphate on different clay minerals and soils, Soil Sci. Soc. Am. J., v. 66, 2002, pp. 1788-1796.

Vodyanitskii Yu.N., Aspectos químicos do comportamento do urânio nos solos: A review, Eurasian Soil Science, v. 44. N 8 (2011) pp. 862-873.

Vodyanitskii Yu.N. Contaminação de Solos com Metais Pesados e Metalóides e o seu Perigo Ecológico (Revisão Analítica) Eurasian Soil Sci. vol. 46. No 7, (2013) 793-801.

Vodyanitskii Yu.N., Contaminação de solos com metais pesados e metalóides, Moscovo, Universidade Estatal de Moscovo, 2017, 193 pp. (em russo).

Vodyanitskii Yu.N., Relationship of heavy metals and metaloides to phases carrier in soils, Agrichemica, 9, 2008 pp. 87-90 (em russo).

Vodyanitskii Yu.N. Standards for the Contents of Heavy Metals and Metalloids in Soils Eurasian Soil Sci... vol. 45. No 3, (2012) 321-328.

Vodyanitskii Yu.N. Normas para o Conteúdo de Metais Pesados em Solos de Algum Estado. Annals Agrarian Sci... vol. 14. (2016). Pp. 321-328.

Vodyanitskii Yu.N. Zinc Forms in Soils (Review of Publications), Eurasian Soil Science, vol. 43, No. 3 (2010) 269-277.

Vodyanitskii Yu.N., Avetov N. A., Savichev A. T., Trofimov S. Ya., e Shishkonakova E. A. Influência da Contaminação de Petróleo e Água Estratal na Composição de Cinzas de Solos de Turfa Oligotróficos na Área de Produção de Petróleo (a Região Ob'). Eurasian Soil Sci... vol. 46. No 10, (2013) 1032-1041

Vodyanitskii Yu.N., Bolshakov V.A., Sorokin S.E., Fateeva N.M ,Techno-geoquímica anomalia na zona de influência da Combinação Metalúrgica de Cherepovets, Soil Science, 4 (1995) pp. 498-507 (em russo).

Vodyanitskii Yu.N., Plekhanova I.O., Prokopovich E.V., Savichev A.T., Soil contamination with emissions of non-ferrous metallurgical plants, Eurasian Soil Science, v. 44. N 2 (2011) pp. 217-226.

Vodyanitskii Yu.N., Savichev A. T., Trofimov S. Ya., e Shishkonakova E. A. Acumulação de Metais Pesados em Solos de Turfa Contaminada com Petróleo. Eurasian Soil Science. vol. 45. No 10, (2012) 977-982.

Vodyanitskii Yu.N., Savichev A.T., Vasil'ev A. A. et al., Conteúdo de metais pesados de terras alcalinas (Sr, Ba) e terras raras (Y, La, Ce) em solos tecnologicamente contaminados. Eurasian Soil Science, vol. 43. No 7, (2010) 822-832.

Vodyanitskii Yu.N., Vasiliev A.A., Lesovaya S.N., Sataev E.F., Sivtsov A.V., Formation of manganese oxides in soil, Eurasian Soil Science, v. 37. N 6 (2004) pp. 572-584.

Vodyanitskii Yu.N., Vasiliev A.A. Savichev A.T., Chashchin A.N., The influence of technogenic and natural factors on the content of heavy metals in the soils of the Middle Cis Urals region: A cidade de Chusovoi e o seu subúrbio, Eurasian Soil Science, 9 (2010), pp. 1011-1021.

Vodyanitskii Yu.N., Vasilyev AA, Vlasov M.N., Hydrogenous contamination with heavy metals of alluvial soil in the city Perm, Eurasian Soil Science, v. 41. N 11 (2008) pp. 1238-1246.

Vodyanitskii Yu. N. , Vasil'ev A. A., Vlasov M. N. e Korovushkin V. V., The Role of Iron Compounds in Fixing Heavy Metals and Arsenic in Alluvial and Soddy-Podzolic Soils in the Perm Area. Eurasian Soil Sci... vol. 42. No 7, (2009) pp. 739-749.

Voegelin A., Pfister S., Scheinost A.C., Marcus M.A., Kretzshmar R., Changes in zinc speciation in field soil after contamination with zinc oxide, Environ. Sci. Technol., v. 39, 2005, pp. 6616-6623.

Vorobeichik EL, Kozlov M.V. O impacto das fontes pontuais de emissões poluentes nos ecossistemas terrestres: metodologia de investigação, esquemas experimentais, erros comuns, Ecologia, 2 (2012) pp. 8391 (em russo).

Vytkovskaya S.E., Drychko V.F., Antimony in the environment, Agrochemistry, № 6, 1998, pp. 86-90 (em russo).

Walter M., Arnold T., Reich T., Bernhard G., Sorption of uranium (VI) on ferric oxides in sulfate-rich acid waters, Environ. Sci. Technol., v.37, 2003, pp. 2898-2904.

Wang M.C., Chen H.M., Forms and distribution of selenium at different depths and among particle size fractions of three Taiwan soil, Chemosphere, v.52, 2003, pp. 585-593.

Wang Q., Dong Y., Cui Y., Liu X., Instâncias de contaminação do solo e das culturas com metais pesados na China, Soil Sediment Contam., v. 10 (2001) pp. 497-510.

Wang Q., Li J., Fertilizante para uso adequado e desenvolvimento sustentável do ambiente do solo na China, Advances Environ. Sci., V. 7 (1999) 116-124.

Waybrant K.R., Blowes D.W., Ptacek C.J., Selecção de misturas reactivas para utilização em paredes reactivas permeáveis para tratamento de drenagem de minas, Environ. Sci. Technol., v. 32, 1998, pp. 1972-1979.

Waybrant K.R., Ptacek C.J., Blowes D.W., Tratamento de drenagem de minas usando barreiras permeáveis: experiências em coluna, Environ. Sci. Technol., v. 36, 2002, pp. 1349-1356.

Waychunas G.A., Rea B.A., Fuller C.C., Davis J.A., Surface chemistry of ferrigydrite: Parte 1. EXAFS studies of the geometry of coprecipitated and adsorbed arsenate, Geochim. Cosmochim. Acta., v.57, 1993, pp. 2251-2269.

Wazne M., Korfiatis G.P., Meng X., Carbonate effects onhexavalent uranium adsorption by iron oxyhydroxide,/ Environ. Sci. Technol., v. 37, 2003, pp. 3619-3624.

Wedepohl K.H., The composition of the continental-crust, Geochim. Cosmochim. Acta., v. 59, 1995. pp. 1217-1232.

Wehrli B., Stumm W., Oxygenation of vanadyl(IV) - Effect of coordinated surface hydroxyl-groups and OH-, Langmuir., v. V, 1988, pp. 753-768.

Weisener C.G., Sale K.S., Smyth D.J.A., Blowes D.W., Field column study using zerovalent iron for mercury removal from contaminated groundwater, Environ. Sci. Technol., v. 39, 2005, pp. 6306-6312. Weng L.P., Temminghoff E.J., van Riemsdijk W.H., Contribution of individual sorbents to the control of heavy metal activity in arendy soil // Environ. Sci. Technol., v. 35, 2001, pp. 4436-4443.

Wielinga B., Mizuba M.M., Hansel C.M., Fendorf S., Iron promoveu a redução de cromato por bactérias dissimilatórias de redução de ferro, Environ. Sci. Technol., v.35, 2001, pp. 522-527.

Wood J.M., Biological cycles for toxic elements in the environment, Science, v. 183, 1974, pp. 10491069.

Wright M.T., Parker D.R., Amrhein C., Critical evaluation of ability of sequential extraction procedures to quantify of ability of selenium in sediments and soils, Environ. Sci. Technol., v. 37, 2003, pp. 47094716.

Xia K., Bleam W., Helmke P.A. Estudos da natureza dos sítios de ligação Cu2+ e Pb2+ em substâncias húmicas do solo usando espectroscopia de absorção de raios X, Geochim. Cosmochim. Acta, V. 61. 1997a, pp. 22112221.

Xia K., Bleam W., Helmke P.A. Estudos sobre a natureza da ligação de elementos de transição da primeira linha ligados a substâncias húmicas aquáticas e do solo usando espectroscopia de absorção de raios X, Geochim. Cosmochim. Acta V. 61. 1997b, pp. 2223-2235.

Xu R., Jiang D., Qian W., Studies on pollution accident of phosphate fertilizers and limitation of trichloroacetaldehyde and trichloroacetic acid in them, J. Env. Sci, V. 9. (1988), pp. 1-43.

Yelkina G.Ya. Abordagens para a normalização do conteúdo de metais pesados em solos podzólicos, em Problemas Contemporâneos de Poluição do Solo. II Int. Conf. T.2, Moscovo, 2007. c. 55-59 (em russo). Yoon S.-J., Diener L.M., Bloom P.R., Nater E.A., Bleam W.F., X-ray absorption studies of CH3Hg+- binding sites in humic substances, Geochim. Cosmochim. Acta., v.75, 2005, pp. 1111-1121.

Zachara J.M., Ainsworth C.C., Cowan C.E., Resch C.T. Adsorbtion of chromate by subsurfase soil horizons, Soil Sci. Soc. Am. J., v. 53, 1989, pp. 418-428.

Zachara J.M., Girvin D.C., Schmidt R.L., Resch C.T., Chromate adsorbtion on amorphous iron oxyhydroxide in presence of major ground water ions, Environ. Sci. Technol., v. 21, 1987, pp. 589-594. Zawislanski P.T., Benson S.M., Terberg R., Borglin S.E., Selenium speciation, solubility, and mobility in land-disposed dredged sediments, Environ. Sci. Technol., v. 37, 2003, pp. 2415-2420.

Zhornyak L.V., Avaliação ecológica e geoquímica do território de Tomsk, de acordo com o estudo dos solos: Resumo do autor. Tomsk, 2009 22 pp. (em russo).

Shou X. Estado poluído do Cd na área de irrigação de Zhangshi e soluções, Agro-Env. Protes, v,6 6, 1987, pp.17-19.

I want morebooks!

Buy your books fast and straightforward online - at one of world's fastest growing online book stores! Environmentally sound due to Print-on-Demand technologies.

Buy your books online at
www.morebooks.shop

Compre os seus livros mais rápido e diretamente na internet, em uma das livrarias on-line com o maior crescimento no mundo! Produção que protege o meio ambiente através das tecnologias de impressão sob demanda.

Compre os seus livros on-line em
www.morebooks.shop

Printed by Books on Demand GmbH, Norderstedt / Germany